羊毛毡口金包
教科书

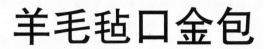

〔日〕佐佐木 伸子 著

边冬梅 刘 倩 译

河南科学技术出版社
· 郑州 ·

目录

目录中
清楚地写明了作品页
和介绍制作方法与材料的
如何制作页。

前　言

用羊毛毡制作口金包,是以用热水和肥皂液制作的"手工制作毛毡"为基础的,12年前开始做羊毛毡的时候总是这样做。现在想起来,那时只采用手工制作羊毛毡的方法,用热水和肥皂液揉搓的时候,将硬邦邦的羊毛剥落下来真是很辛苦的事情。

在本书中将为您介绍,利用戳针戳刺制作毛毡的优点,简单地分为3个步骤进行制作的方法。

这是一本融进了作者诸多有趣的想法、前所未有的口金包制作的图书。

步骤 1　用戳针戳刺制作主体

将羊毛卷到保丽龙球上,用戳针戳刺。

不管什么时候,只要有空儿就可以沙沙地制作起来。

步骤 2　用热水和肥皂液进行毡化处理

将需要毡化的东西、热水、肥皂液装入塑料袋中进行毡化。

在塑料袋中放置10 分钟,2 次! 在塑料袋中揉搓,操作起来很容易。

步骤 3　安装口金

将口金缝到包包上就完成了。

严格按照本书的尺寸进行制作的话,就不用担心将口金与毛毡切口对齐的事了。

需要准备的工具为羊毛、口金、保丽龙球等,其他工具一般家里都有,有许多工具也是喜欢做手工的诸位本来就有的。安装口金的时候也许有点难,做几次就熟练了。首先我们按照本书中的说明制作一下试试吧。

球形口金包制作成功的话,请务必再挑战一下2(P.35)中介绍的用纸型制作的口金包吧。

不用着急, 慢慢地、耐心地一边看书一边制作。

本书将为你展现一个在过去的戳刺制作毛毡中不能够体会到的、令人兴奋的、不可思议的"毛毡世界"。

佐佐木 伸子

1

用保丽龙球
制作的口金包

Small coin purse of basic 4color

用保丽龙球制作

1 迷你口金包（4 种颜色）

如何制作 → P.65

黄绿色

紫色

蓝色

粉红色

用保丽龙球制作
① 迷你口金包 制作方法

将羊毛卷到保丽龙球上用戳针戳刺→用热水和肥皂液毡化→干燥后安上口金。用保丽龙球制作的口金包,共三个步骤就可以完成了。熟练了的话就很简单了。首先,我们就从"迷你口金包"开始吧。

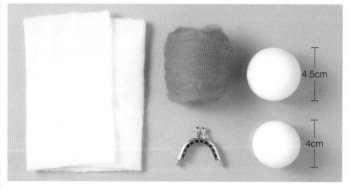

材 料	羊毛:56(粉红色) 3.5g
	薄片状羊毛:316(白色) 4.5cm×15cm 2 片
	保丽龙球:直径 4.5cm/ 4cm
	口金:外径宽约 4cm,高约 2.5cm(H207-015-1/ 金色)

【成品尺寸】
高5cm(包括口金),
宽 4.5cm

将薄片状羊毛卷到保丽龙球上,制作口金包主体

1

将撕成 4.5cm 宽的薄片状羊毛在直径 4.5cm 的保丽龙球上卷一周,用戳针沿着保丽龙球戳刺重叠部分使之固定。

戳针的戳刺方法可在"P.11 一点建议"中学习。

2

在保丽龙球的顶部和底部会出现空白,所以将剩下的薄片状羊毛撕成圆片状盖在空白上面戳刺结实。

3

确认步骤 **2** 中的空白是否被盖住了。图中是完整包裹的状态。

※ 如果没有盖住的话,还要添加薄片状羊毛进行戳刺,一直戳到完整包裹为止。

将羊毛卷到保丽龙球上,制作口金包主体的外层

4

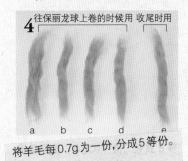

往保丽龙球上卷的时候用　收尾时用

a　b　c　d　e

将羊毛每0.7g为一份,分成5等份。

5

取 a 拉成薄片,卷到步骤 3 的毛球上,用戳针戳刺起头处使之固定。卷一圈之后,撕掉多余的羊毛。再用戳针戳刺结尾处固定上去。

6

将 b ~ d 的羊毛相互交错着卷上去戳刺牢固,并且不要有空白。

> 将撕得短短的羊毛放上去进行收尾,这样均匀漂亮的表面就完成了。

7

将在步骤 **5**、**6** 这段工序中多出来的羊毛全部撕成小薄片戳刺上去,并且球面的厚度要均匀。

8

从 e 的羊毛上取下来一撮,要撕扯 10 次以上把纤维撕短。

9

将步骤 8 重叠成十字形放置到步骤 7 的上面用戳针戳刺结实。反复这样做,一直将 e 的羊毛全部均匀地覆盖到球体上。为了使羊毛不松弛,要仔细戳刺整个球体。

> 将作为材料的羊毛全部用完,并且要均匀地戳刺到球体上。这样一来,就会与口金非常吻合。

用热水和肥皂液(毡化羊毛专用肥皂液)进行毡化

➡ ※ 准备：从现在开始使用热水,所以要去厨房或者在桌子上铺上毛巾,
　　　　以防将周围弄湿。

10

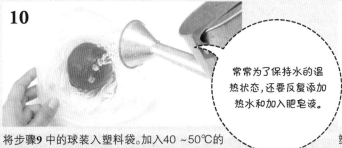

> 常常为了保持水的温热状态,还要反复添加热水和加入肥皂液。

将步骤9 中的球装入塑料袋。加入40 ~50℃的热水,滴入几滴肥皂液(毡化羊毛专用肥皂液),浸湿整个球体。

11

塑料袋中装入空气,将整个球体浸入热水中摇晃几次之后倒掉热水。这个时候能够稍微看到一点泡泡最好。不要放太多的肥皂液。

12

放掉塑料袋里面的空气，如图所示用手封闭袋口，用手掌搓出褶皱。为了使羊毛不变凉，需要更换热水使球体总是保持在温热的状态下。

13

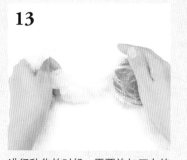

进行毡化的时候，需要施加压力使其在较平整的地方转动。转动的过程通过步骤 12、13，要进行 10 分钟左右。

14

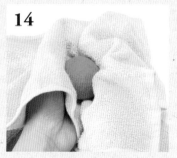

羊毛粘到球上如果没有歪斜或褶皱的话，就在袋中进行清洗，洗净后从袋子取出用毛巾吸干水分。

15

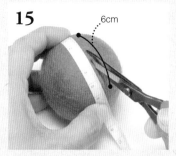

6cm

在步骤 14 中做好的球体的中间剪出一个口子。先用剪刀竖着插进去，然后横着剪开一个 6cm 的口子。

16

取出直径为 4.5cm 的球，换入一个直径为 4cm 的球。

17

再次重复步骤 10~13，使其进一步毡化。

整个毡化过程需要进行 2 次哟

18

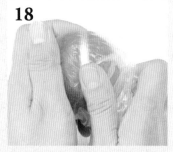

特别是切口处要仔细按揉。整体都粘到球上之后就可以了。

19

用清水在袋子中洗干净后，从塑料袋中取出，用毛巾吸干水分。

20

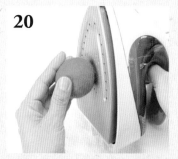

将球放到熨斗（中温）上使其干燥，然后放置到通风良好处自然风干到完全干透。

※ 注意不要烫伤。

安装口金

21

完全干透后，取出球体。用锥子将毡球的切口嵌入口金的沟槽中。

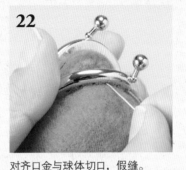

22

对齐口金与球体切口，假缝。

※ 假缝和正式缝制尽量使用短针比较容易缝制。

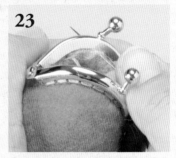

23

用双股缝纫线，采用回针缝的方法缝上口金，然后拆掉假缝线就完成了。

要点

一点建议

将羊毛用戳针戳刺卷到保丽龙球上的诀窍

戳针并不是垂直戳到保丽龙球上的，将戳针的针尖戳刺到羊毛和保丽龙球之间才是戳刺的要领。这样才能够既不伤戳针的针尖又能够很快地进行毡化。

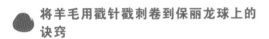

缝合口金的诀窍

初学者觉得很难的是往毛毡上缝合口金这道工序。缝合口金的时候，从口金的一头开始缝，缝到一半左右的时候，转个方向，然后一直缝到另一头，这样操作的话比较容易。

1

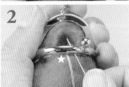

2

1 面对口金的内侧，从左侧开始缝合（☆处）口金，缝到一半左右。

2 将口金转个面。使正在缝合的口金转到跟前（☆处）。看着口金的正面一直缝到左端，将缝纫线打个结剪断。安装另一侧口金时，也是先进行假缝，再次打个结，然后再将这一侧的口金细缝上去。

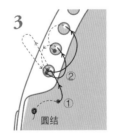

3

3 要缝牢固不能脱落。

①暂且在切口内侧穿入缝针，将针从内侧穿到第一个孔中拔出后返回，再次穿入第1个孔中。②穿入第2个孔之后开始回针缝。在结束缝合处也是一样，在最后的一个孔中穿2次针，打结后结束。这样口金就很牢固地缝上去了。

圆结

※ 从下一页开始就是应用篇了。作品特有技巧在作品页相邻的"建议"中有解说，材料大致的使用情况在P.64 的"如何制作"中作了介绍。

从下页开始

2 圆鼓鼓的迷你口金包

如何制作 → **P.65**

灰色

灰褐色

建议

在用热水和肥皂液进行毡化的过程中，连续揉搓的时间越长，
切口张开的幅度就越大。于是，在安装口金的时候，
侧面就会产生突出来的"变形模式"。根据这个"切口的情况"，
口金的圆形就会变化也是很有趣的一点。

由于毡化时间的不同产生的差异

从侧面看到的图

10分钟　　20分钟

从上面看到的图

10分钟　　20分钟

制作程序与"迷你口金包"（P.08）完全一样。但是，在用热水和肥皂液毡化的过程中，与"迷你口金包"（图片左）的毡化时间10分钟/10分钟相对应，"圆鼓鼓的迷你口金包"（图片右）是10分钟/20分钟。因为多揉搓10分钟，毡化的程度就大一些，羊毛收缩得就厉害一些，切口开得也大一些。

与"迷你口金包"形状上的区别

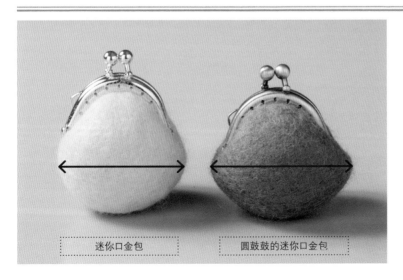

迷你口金包　　圆鼓鼓的迷你口金包

在切口张开的状态下安装口金的话，毛毡被强行拉开，就形成了如图所示横向拉宽的形状（图片右）。即使使用同样大小的球，因毡化时间的差异，形状也会发生微妙的变化，这也是"用保丽龙球制作的口金包"的特点之一。

Pink gradation

❸ 粉红色渐变口金包

如何制作 → **P.66**

浅粉红色

深粉红色

建议

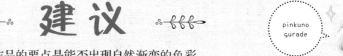

pinkuno gurade

这个作品的要点是能否出现自然渐变的色彩。

将一束粉红色渐变用的羊毛,

撕扯10次以上,使之成为短纤维之后戳刺上去。这个过程可能会有点费事。

如果将长纤维原封不动地戳刺上去的话,就不能形成均匀的自然渐变色。

漂亮渐变色的制作方法

1

从渐变色最深的部分开始制作。首先参照图片取一定量的羊毛。

2

再将羊毛撕扯3~5次后放到作为口金包主体的底部,按照箭头方向进行放射状戳刺。

3

接着制作渐变色较浅的部分。取少量羊毛撕扯10次以上,使之成为短纤维。

4

再呈十字形重叠,放到戳刺过的深色部分重叠大约2/3进行戳刺。

5

重复步骤**3**、**4**戳刺一周,使色彩的界线模糊不清。

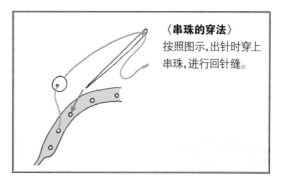

〈串珠的穿法〉
按照图示,出针时穿上串珠,进行回针缝。

4 可爱圆点口金包（3 款）

如何制作 → **P.66**

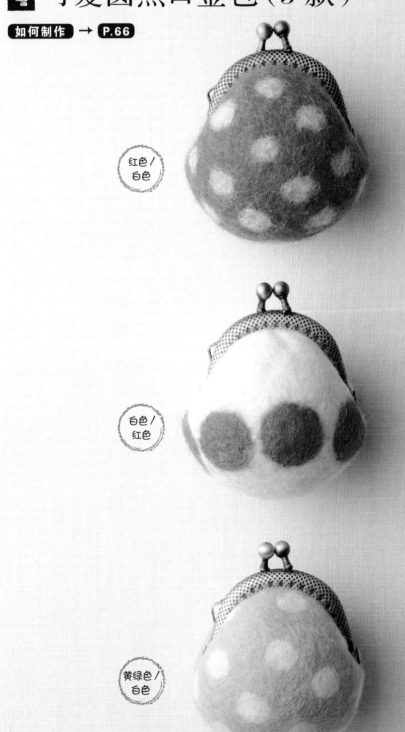

红色/
白色

白色/
红色

黄绿色/
白色

上图：轮廓模糊的圆点图案
中图：轮廓清晰的圆点图案
下图：轮廓清晰的圆点图案

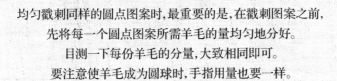

建议

均匀戳刺同样的圆点图案时,最重要的是,在戳刺图案之前,
先将每一个圆点图案所需羊毛的量均匀地分好。
目测一下每份羊毛的分量,大致相同即可。
要注意使羊毛成为圆球时,手指用量也要一样。

轮廓清晰的圆点图案和轮廓模糊的圆点图案

取少量羊毛撕扯10次以上,使之成为短纤维。

在手掌上滚动,整理成圆形。

如果想使圆点的轮廓清晰地呈现出来的话,要从圆点的边缘向中心呈放射状戳刺。

想使圆点轮廓模糊不清的时候,从图案上面不要将羊毛向中间集中,照原样戳刺即可。

左:轮廓清晰的圆点的完成图。
右:轮廓模糊的圆点的完成图。

为了制作有规律排列的圆点图案

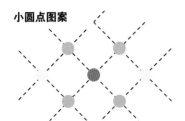

小圆点图案

在口金包主体中间戳刺一个圆点的话,如图所示以此为中心戳刺4个圆点。然后将各个圆点等间隔戳刺上去,这样就能够戳刺出有规律排列的圆点图案了。

大圆点图案

把大圆点作为口金包主体左右的中心,从下面1/3处戳刺一个圆点。

总共可以戳刺出7个圆点,要左右等间距地戳刺圆点。从底座开始要一边检查一边戳刺,这是戳刺出漂亮圆点图案的要点。

5 猫皮花纹口金包

如何制作 → P.67

黑灰色

白黑茶三色

⋯⋯⋯ 建议 ⋯⋯⋯

轮廓模糊的线条和花纹是猫皮色花纹的特点。因为用戳针戳刺出花纹之后还要用热水和肥皂液进行毡化，所以模糊的质感可以很容易表现出来。用戳针戳刺的时候，将从大团羊毛上抽取下来的羊毛原封不动地放上去进行戳刺即可，这就是要点。那么，我们一边想象着真猫一边制作吧。

nekono garano gamaguchi

制作线条花纹的要点

取少量羊毛，按照取下来的形状原封不动地放到口金包主体上进行戳刺。如果要做成轮廓模糊的粗线条或者是细线条的话，就会很像真猫皮。

猫皮色

黑猫也不能忘记哟！

制作猫皮花纹轮廓的要点

取少量羊毛在手掌上，轻轻揉搓成一团。

一边看作品的图片一边将圆圆的羊毛团扩大成薄片。

将做成的羊毛薄片原封不动地放到口金包主体上进行戳刺（不要使羊毛太集中）。

6 双色口金包

如何制作 → **P.68**

红色/
乳白色

粉红色/
茶色

建议

baikarano gamaguchi

只使用毛毡进行制作。

所谓毛毡就是一种薄片状的羊毛,已经进行了毡化的东西。

比专门戳刺羊毛进行制作更方便。将毛毡卷到球上的时候,

不能松弛、要拉紧卷上去是制作的要点。

使毛毡重叠

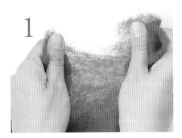

将毛毡分成大约 7cm×22cm 的大小。

再将毛毡卷到已经卷了第一块毛毡(成为卷羊毛时一样的内侧部分的毛毡)的球上,戳刺重叠部分进行固定。

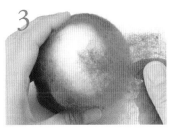

在空白地方,撕一块与其大小相当的毛毡,用戳针戳刺上去,不要露出空白。

要清晰地制作出颜色的界线

作为图案将需要重叠上去的毛毡按照纸型(P.68)用剪刀剪下来。

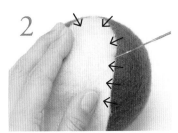

将步骤 1 的毛毡放到口金包主体的底部并戳刺上去。此时,面向步骤 1 中毛毡的界线戳刺的话,颜色的界线会很分明。

要点

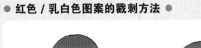

● 红色 / 乳白色图案的戳刺方法 ●

● 粉红色 / 茶色图案的戳刺方法 ●

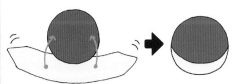

与切口平行着将图案戳刺到底部。

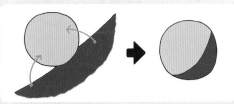

将图案戳刺到口金包主体右斜侧 1/3 部分。

竖条纹

饰边条纹

22

建议

boda
to
sutoraipu

想制作像饰边那样的稳固而漂亮的线条时，
要使用含有麻或棉等材料的纱线。
另外，要制作具有条纹感的线条时需使用羊毛。
线条的清晰与否，所表现出来的作品的个性是有所不同的。

饰边条纹的戳刺方法

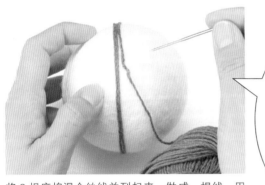

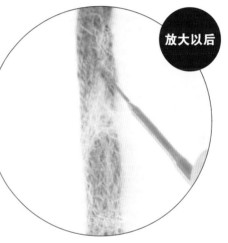

放大以后

将 3 根麻棉混合纱线并列起来，做成一根线。因为纱线不太容易缠绕到羊毛上去，所以要在纱线之间加入羊毛一边使之缠绕一边进行戳刺。

这是在 3 根纱线之间加入羊毛的地方。正面不要露出羊毛，用戳针斜着戳刺下去。

条纹毡化的方法

1

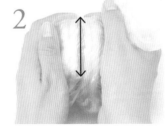

2

3

在口金包主体的中央位置做一个约 7mm 宽的条纹，用粉红色羊毛要直直地缠绕一周并戳刺上去。接着，再戳刺约 3mm 宽的浅蓝色条纹。粉红色条纹与浅蓝色条纹的间隔约 5mm。

用热水和肥皂液进行毡化时，只顺着条纹的方向（只是一个方向，图片应该是纵向的）进行揉搓，尽量最小限度地出现条纹的弯曲与歪斜。

毡化完了的样子。这样将条纹固定到口金包主体上的话，图案就完成了。条纹的某种程度透出可作为一种质感来欣赏。

8 平底口金包

如何制作 → P.69

黄色 / 蓝色

蓝绿色

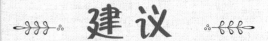

建议

将保丽龙球剪去1/3，戳刺羊毛和安装口金时，形成了一个能够轻轻放在桌子上或架子上的圆顶的形状。在切口处贴上胶带，戳针的针尖戳起来很滑，这样比较容易操作。

制作底座

使用直径为 7cm 和 6.5cm 的保丽龙球。将两个球都用剪刀剪掉 1/3。在切口处贴上胶带，使其变得滑溜。

底座的配色

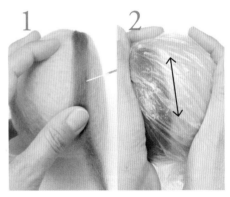

1 在口金包主体还是 1 种颜色的状态下用热水和肥皂液进行毡化，暂时先用毛巾吸干水分，将蓝色羊毛戳刺到底部和从底部向上 1cm 处。

2 换入直径 6.5cm 的保丽龙球，再用热水和肥皂液进行毡化。这时重点要沿着颜色的界线进行揉搓。

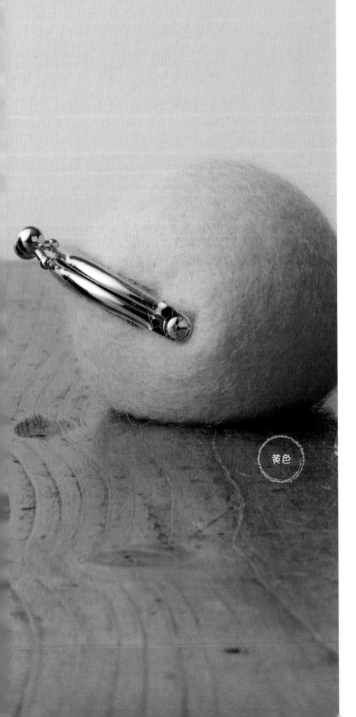

黄色

Two color fluffy loop

9 双色卷毛口金包

如何制作 → **P.70**

灰色

白色

建议

使用带圈圈的毛线制作轻巧的口金包。

因为羊毛和毛线同样都是从羊身上诞生的素材，所以性质很吻合，

比其他素材更容易戳刺、更容易黏合上去。

慢慢地、细致地用戳针戳刺，同时还要使毛线上的小圈圈竖立起来，以形成饱满的可爱的样子。

毛线与毛线之间不能有空隙，所以将毛线与毛线密密地戳刺到一起也正是戳刺要点。

漂亮地植入带圈圈的毛线

避开毛线圈圈部分，戳刺毛线的芯，做出来就会显得很蓬松。

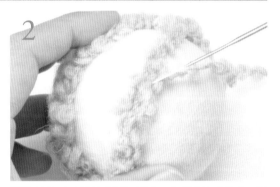

要戳刺的下一圈的圈圈状毛线与已经戳刺上去的上一圈的毛线之间不能有空隙。要用戳针的针尖一边将戳刺上去的前一圈上的毛线的圈圈挑出来，一边戳刺下一圈。

戳刺圈圈状毛线的顺序

开始戳刺是从一侧的中心向外按顺时针方向卷成漩涡状进行戳刺。

安装口金的部分比切口要多留出5mm的宽度，如图呈V字形那样戳刺毛线，向另一侧戳刺。

另一侧是从外侧向中心卷成漩涡状进行戳刺。卷到中心的时候，把毛线深深地戳刺进去后剪断。

Scoured wool

10 天然卷羊毛 口金包

如何制作 → P.70

白色

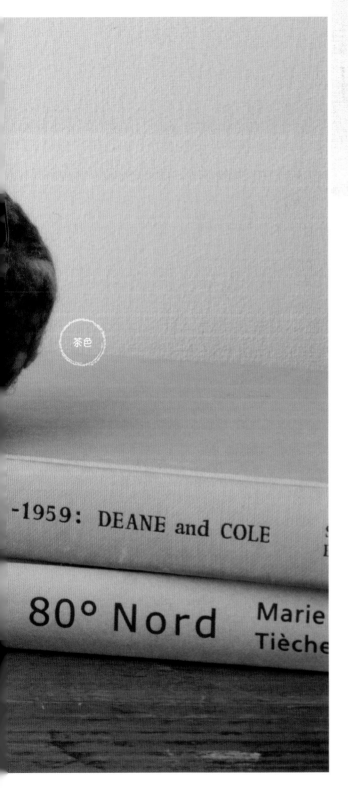

茶色

-1959: DEANE and COLE

80° Nord Marie
Tièche

建议

要使用彩色羊毛系列的"天然卷羊毛",并有效地利用其洗干净后的羊毛的原有的质感。

坚硬的部分用手指揉开,均匀地将混合毛线戳刺上去是制作的要点。

可以享受到羊毛的天然质感。

1

准备一些缠绕在一起的、洗掉杂质的天然卷羊毛。

2

取一撮用手指撕开。

3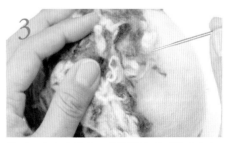

放到口金包主体上,松松地戳刺到羊毛上去。接着要戳刺的羊毛,需要放得与前面放上去的羊毛稍微重叠一些再戳刺。于是,毡化之后柔软蓬松的质感就出来了。

什么是毡化

本书中为了制作口金包采用了"戳刺制作毛毡"和"手工制作毛毡"两种手法。戳刺制作毛毡是制作吉祥物等立体物品的时候经常使用的手法，而手工制作毛毡是制作手提包和室内鞋等大物件的时候经常使用的手法。

在戳刺制作中毛毡已经在某种程度上进行了毡化，然后，用热水和肥皂液进行加固就可以做得很结实了，所以觉得"手工制作毛毡太难了"的诸位，也可以轻松地进行制作。

戳刺制作毛毡	手工制作毛毡

 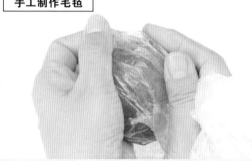

就是使用专用戳针戳刺羊毛，使羊毛纠缠到一起发生毡化的一种方法。在本书中使用了"毡化用·带柄戳针（2根针）"，可以加快毡化的速度。戳针面对羊毛进行戳刺时要注意"要从戳刺进去的角度原封不动地拔出"，这是安全操作的要点。

就是将羊毛用热水和肥皂液浸泡揉搓，使之产生摩擦发生毡化的方法。本书中为了容易操作，将热水和肥皂液（毡化羊毛专用肥皂液）装入塑料袋中进行揉搓。手工制作毛毡是初次制作毛毡的各位也能够简单掌握的制作方法。

球形口金包搭配的口金零件

在"用保丽龙球制作的口金包"中使用的口金，全部都是像图片上的那样带有缝纫孔，可以用线缝上去的类型。首先，使用这种可缝纫类型，尝试一下把羊毛缝到口金上的练习吧。建议您从最小的"迷你口金包"开始。做几次就熟练了。

在"用纸型制作的口金包"中，使用了黏合剂粘上去的口金，不过这种方法外观的完成度增高了，相应地技巧难度也增加了。详细做法在P.40中有说明。

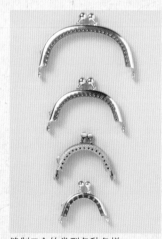

缝制口金的类型各种各样

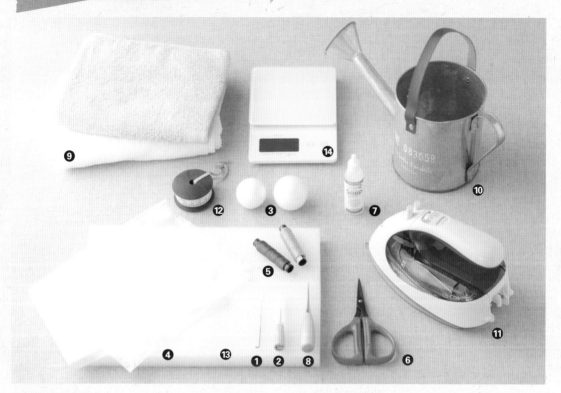

① 戳针（极细型）

用于将羊毛戳刺上去。

② 毡化用·带柄戳针（2 根针）

可以插上 2 根戳针的戳针柄。

③ 保丽龙球

使用直径有 0.5cm 之差两个不同大小的球。在手工艺品商店可以买到。

④ 塑料袋

将卷了羊毛的保丽龙球、热水、肥皂液（毡化羊毛专用肥皂液）装入塑料袋中，进行揉搓毡化。

⑤ 缝纫针、缝纫线

用于缝合口金。缝纫针要尽量短一些，缝纫线最好像缝纫机用线那么结实的线。

⑥ 剪刀

将羊毛毡从保丽龙球上取下来时使用。

⑦ 毡化羊毛专用肥皂液

在毡化羊毛时使用。没有的话，液体洗涤液（尽量使用无添加剂的）也可以。

⑧ 锥子

在安装口金时使用。

⑨ 毛巾（2 条）

用于在进行毡化时不把周围弄湿的场合。另外，还可用于吸收被热水弄湿的毛毡中的水分。

⑩ 小喷壶（或者杯子）

用热水和肥皂液进行毡化时，在往袋子里添加热水的操作中使用。

⑪ 熨斗

用于对毛毡的干燥和整形。

⑫ 卷尺（尺子）

在剪开切口时或者测量毡化后的尺寸时使用。

⑬ 戳针垫

用戳针戳刺时使用。

⑭ 电子秤

在称量羊毛和毛毡的重量时使用。

如果有这些工具就更加方便了

● 水桶

在需要倒掉热水的操作中，如果有这个水桶的话就更加方便了。

● 沙拉搅拌器

使毛毡脱水的时候使用。用洗衣机的脱水功能脱水也可以。

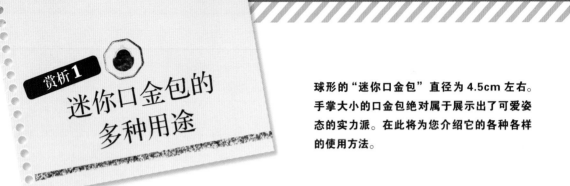

迷你口金包的多种用途

球形的"迷你口金包"直径为 4.5cm 左右。手掌大小的口金包绝对属于展示出了可爱姿态的实力派。在此将为您介绍它的各种各样的使用方法。

挂在脖子上

在口金的环中穿上一条皮革绳或自己喜欢的链子就具备项链的风格了。例如，可将项链上的口金包作为戒指盒使用，也可以装入粘有您喜欢的香味的布，让其散发出令您放松的香气。这就形成了趣味性与实用性兼备的使用方法。

提包坠饰

一个小小的装饰，也会成为个性的标志。也许还可以装入硬币与购物记录本等。在"装入一点点东西"这一点上，又提高了它的重要性。

安在钥匙挂圈上作为一个记号

即使钥匙放到了许多纷乱的物件中，柔软的手感可以让您马上找到钥匙。口金包中放入自行车钥匙也是很方便的。

配上饰物更有趣

在口金上有一个可以穿链子等的金属环一样的孔。在此作为坠饰您可以尝试着挂一个自己喜欢的装饰物,您觉得如何呢?

加入首字母

胖乎乎
轻飘飘

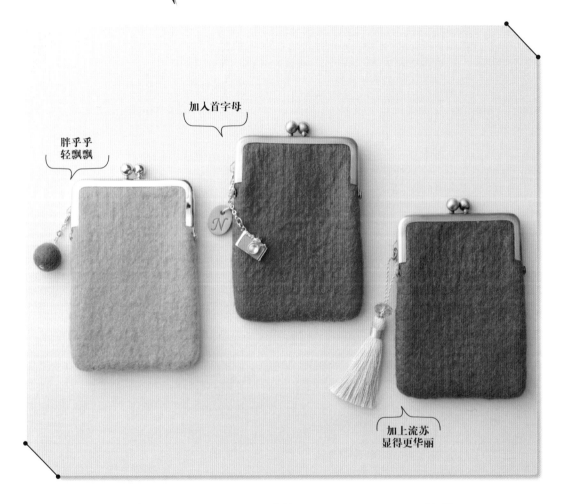

加上流苏
显得更华丽

毛毡球

将一撮您喜欢的羊毛搓成团,用戳针戳刺,做成一个硬硬的球。在球中央穿入一根T字针,在T字针上安一个施华洛世奇的装饰链就完成了。

坠饰

安一个在杂货铺等地方就可以买到的小饰物,再与自己喜欢的主体图案组合到一起,也非常可爱。

流苏

在市场买来的流苏上穿一个施华洛世奇的装饰链,作为一个配饰也很有意思。虽然很简单,但是存在感却不一般。

Now, What will I put in it?

还可以装什么呢？

像个杏仁一样的小小口金包。
容易制作、令人愉快自不言说，完成品也非常可爱！
小小的礼物中包含了手工制作与羊毛毡的温馨，
而且还包含有您所费的一番功夫哟。

装入糖果或点心，
作为奖励孩子或者
赠送朋友的小礼物。

作为首饰盒。
因为羊毛有弹性，
可以放心地装。

作为装零钱的小袋子。

支付公交车费等的时候，
在附近遛达的时候，
可以作为装零钱的小袋子。

使用方法
无限多！
您准备装什么呢？

2

用纸型制作的
口金包

用纸型制作
11 口金名片盒

如何制作 → **P.71** **纸型 No.1**

粉红色

红色

紫色

用纸型制作
11 口金名片盒 制作方法

将包裹行李用的隔离材料或毡化用的垫子作为纸型来制作造型的方法。操作过程与球形的制作方法几乎相同。在此也可以使用用黏合剂粘上去的口金，在嵌入口金的时候或许会感到有点难，但是熟练之后就可以很简单地安上去了。使用黏合剂粘上去的口金，就像成品一样完成度很高。

材 料	羊毛：24（红色）10g
	毛毡：304（粉红色）10cm×36cm 1片
	口金：外径宽约7.5cm，高约3.5cm（仿古色）
	纸型：14cm×10cm（剪切毡化用的垫子也可以使用）

【 成品尺寸 】
高 11cm（含口金），
宽 7.5cm

制作纸型，使羊毛重叠起来用戳针加固

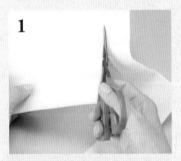

1

将毡化用的垫子剪切成本书后面附加的纸型上的尺寸。

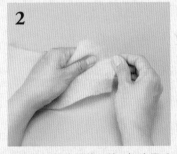

2

将毛毡的长边用剪刀剪，短边用手指撕成 10cm×36cm 的尺寸。

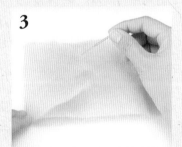

3

将毛毡卷到纸型上，重叠部分用戳针戳刺固定。

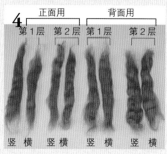

将羊毛分成以上 8 等份。

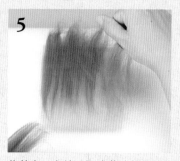

将其中一束羊毛撕成薄片状，竖着铺在纸型上。

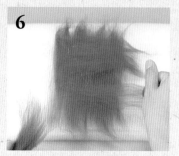

再将步骤 4 中另一束羊毛从上面横着铺上去。这样一竖一横加在一起算作一层（参照步骤 4 中的图片）。

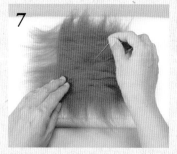

为固定羊毛，要在大约 10 个地方进行戳刺。注意尽量不要戳刺到纸型。

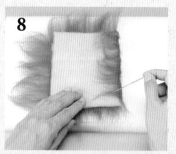

翻过来，跑出来的羊毛沿着纸型紧紧地折上来，把戳针放倒从侧面戳刺。

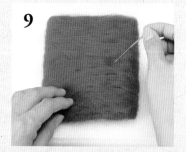

重复步骤 5~8，两面分别戳刺 2 层羊毛。

用热水和肥皂液（毡化羊毛专用肥皂液）进行毡化

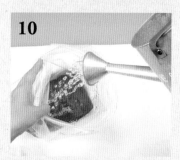

将羊毛放到塑料袋里面，在 40～50℃的热水中加入几滴肥皂液（毡化羊毛专用肥皂液），全部浸湿。

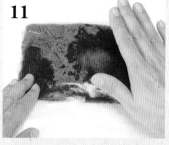

为了让热水浸到羊毛里，要用手从塑料袋上面按压（如果进入了空气的情况，从袋子上面把空气拍打出来）。然后将存在袋子里的热水倒掉。

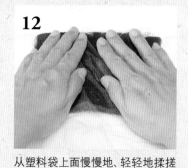

从塑料袋上面慢慢地、轻轻地揉搓整个袋子。一面不断揉搓大约 5 分钟，两面总共大约 10 分钟即可。

注：一面过于集中说明用力过度。要轻柔用力。

13

挤出塑料袋里的空气，将羊毛放到离拉链 5cm 的地方，拉上拉链。以长筷子为中心从拉链那一边将羊毛卷起来。

14

慢慢地、轻轻地滚动 30 次左右。

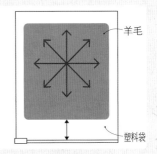

沿着高、宽、对角线三个方向，分别从上面加压 30 次。在改变方向的同时，一边压一边滚动。翻过来背面也采取同样的方法操作。

15

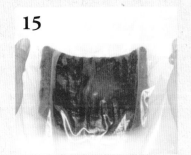

里边的纸型卷起来的话，连袋子一起敲打使之变平。

16

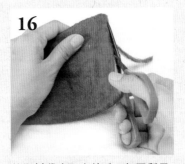

从塑料袋中取出羊毛。如图所示，从短边的一侧用剪刀剪开取出纸型。

17

再一次放回塑料袋中，重复步骤 **10~14**，将羊毛卷起来使之滚动，一直滚到短边 7.5cm、长边 10cm 的尺寸为止。中途也可以将手伸进去揉搓。

18

如果形状歪斜，从袋中取出之后用手拉扯调整一下形状。

19

4.5cm

用剪刀插入切口两侧，再剪出一个 4.5cm 口，做一个嵌入口金的沟槽。

20

再次装入塑料袋中，给插入切口部分加热水揉搓，以防起毛。

21

用水冲洗，冲去肥皂液，用毛巾吸干水分。

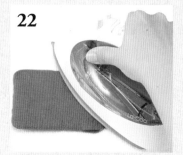

22

用熨斗（中温）熨平褶皱，放在通风良好的地方使其自然干透为止。

安装口金

23

用锥子将切口嵌入口金的槽中，最后确认是否完全进入。

24

在步骤 **23** 的过程中，如果切口太厚进不去的话，就用戳针戳刺使之变薄。

25

在步骤 **23** 的过程中，如果切口歪斜进不去的话，就用剪刀将切口剪齐，剪齐的部分用戳针戳刺使之与周围一致。

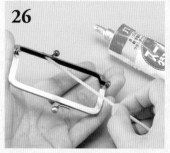

26

使用牙签将黏合剂抹到口金的沟槽部分。注意不要加入太多的黏合剂。

27

用锥子将切口一点一点地向左塞入，塞完之后向右侧塞入。一侧塞完之后，另一侧也采取同样的方法。

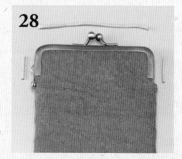

28

一侧准备一根与口金一样宽的纸绳，与口金一样高的 2 根纸绳（两侧宽的 2 根，高的 4 根）。

29 从中心向左用锥子将纸绳塞进去。采取同样的方法再向右也塞进去，左右竖的部分也塞进去，另一侧也采取同样的方法，晾干后就完成了。

要点

一点建议

 ❸ 个诀窍

诀窍1 使用用于装食品或衣服的带拉链的塑料袋进行毡化
周围不要浸泡在水里，可以很容易地用热水和肥皂液进行毡化。

诀窍2 使用用黏合剂粘的口金
第一次需要一点诀窍。熟练之后就很简单了，完成速度也会迅速提高。

诀窍3 只要与口金吻合，纸型的形状和大小可以自由地变化
毡化时需要注意的是，切口与口金的大小是否正好吻合。
成为袋子部分的形状与大小可以凭着自己想法自由地变化。

 用热水和肥皂液进行毡化的诀窍

诀窍1 热水要保持温热的状态
用手摸一下羊毛，如果觉得变凉了的话，就要换热水。

诀窍2 使肥皂液隐隐约约起一些小泡沫最好
泡沫多的话力量不容易传接，难以进行毡化。

诀窍3 要分阶段变化放在袋子里的位置，调整毡化的压力
放在拉链附近时需要强压。第一步将羊毛放到离拉链较远的地方，一点一点向跟前移动，压力加强的话就会提前毡化。

放在袋子的最里边竖着横着斜着卷起来进行滚动。背面也大致滚动一下使羊毛加固。

放到袋子的正中间进行滚动。向欲使其缩短的方向滚动调整形状。

放到靠近手边的位置。要毡化到合乎成品的尺寸。

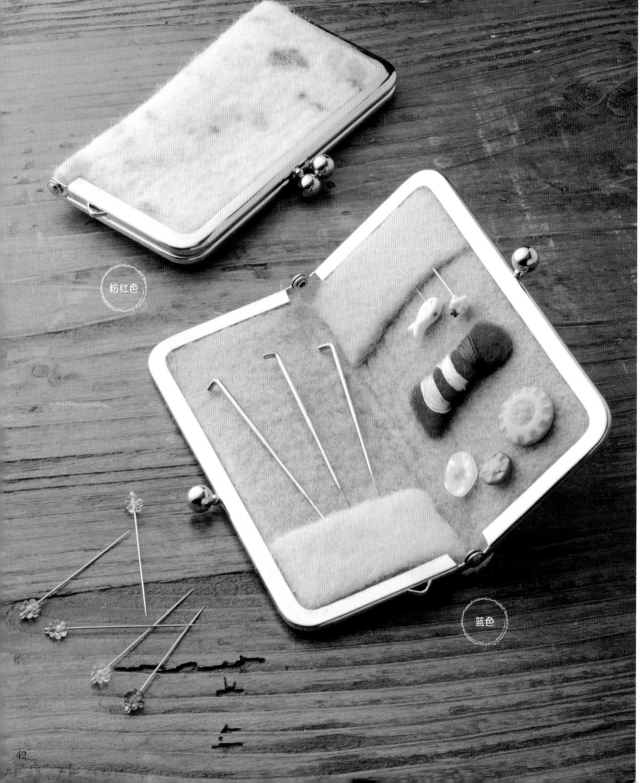

粉红色

蓝色

建议

这是本书中唯一的不是袋子形状的平面的作品。
要使一块毡垫牢牢地嵌入口金，
要一边毡化一边对齐来完成。内侧的插入戳针等工具的部分，
也可以参照样品按照自己的方法进行制作。

将薄片状的羊毛嵌入口金

在剪成 14.5cm×15cm 的毛毡的上面竖着、横着放上羊毛。

放第 1 层之后用戳针在各处戳刺，放第 2 层之后采取同样的方法戳刺。

再放入塑料袋中拉着拉链(下)，将羊毛放到离拉链5cm处，从拉链端开始紧紧地卷起来。

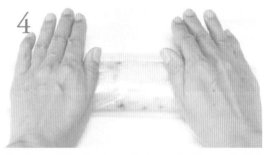

竖、横、对角线各 30 次，从上面施加压力，一边使劲压一边滚动。翻到背面采取同样的方法进行操作。

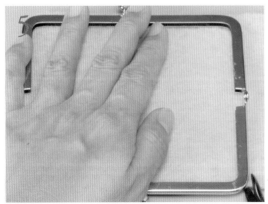

把用毛巾吸干水分的毛毡对准打开状态下的口金进行剪切，将毛毡塞入口金的周围。使之带着口金自然风干。

请欣赏针线盒内部的放置♪

43

Pen case

13 口金笔盒

如何制作 → P.72 纸型 No.3

丝带
图案

黑色格子
花纹

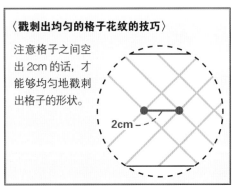

建议

pen case

一款是用同样颜色的毛线戳刺成格子花纹,一款是先用羊毛戳刺出直线条纹之后进行毡化,然后在毡化好的直线条纹上面再缝上丝带,这样可以制作出立体感很强的作品。

幅宽的形状在安装口金的时候形状容易歪斜,所以在位于口金中心的"扭转扣"的下面一点一点地放入纸绳是制作的要点。

将毛线戳刺成格子状花纹

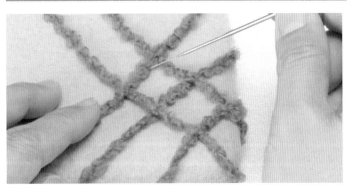

在毡化好的主体上用毛线制作格子花纹。要点是要从毛线的侧面进行戳刺。这样可以保留毛线的立体感,即使使用与主体同颜色的毛线,花纹也可以清晰可见。相反,从毛线上面用戳针戳刺的话,毛线形状就会受到破坏并且渗入到主体中去,所以这一点要注意。

※ 为了使格子花纹清晰,可以用和作品不同的颜色。

戳刺格子花纹的顺序和均匀的格子花纹的戳刺方法

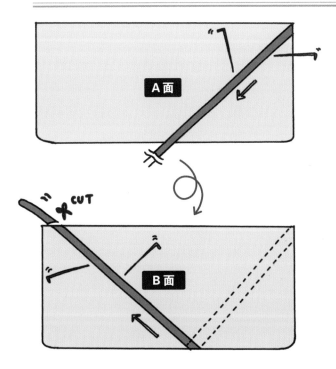

从 A面 的右上端向左下方斜着戳刺,翻到相反面以 B面 为正面,要向左上端斜着戳刺毛线。戳刺到边沿的时候用剪刀剪去多余毛线,再将 A面 作为正面空开 2cm 的间隔,与第 1 条线平行着将毛线戳刺上去。

〈戳刺出均匀的格子花纹的技巧〉

注意格子之间空出 2cm 的话,才能够均匀地戳刺出格子的形状。

2cm

Glass case

14 口金眼镜盒 如何制作 → P.73 纸型 No.4

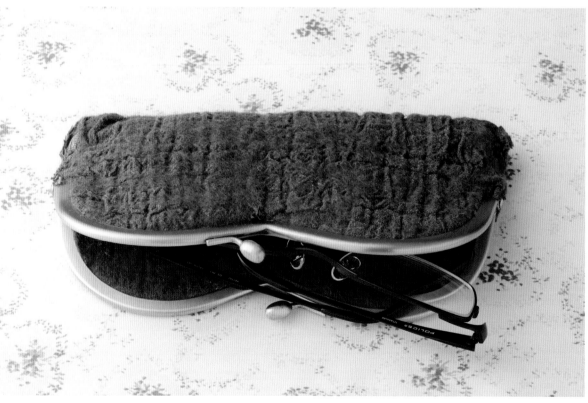

建议

megane case

将羊毛放上去用戳针戳刺,在此之上再用布覆盖做成的"布毡"。
在布的上面戳刺薄薄的一层羊毛很容易毡化。
如果羊毛毡化了,布就会萎缩形成褶皱。因为要与布毡化到一起,
所以在用热水和肥皂液进行毡化的过程中,要将布和羊毛牢牢地毡化到一起为止。

将布和羊毛一起毡化的方法

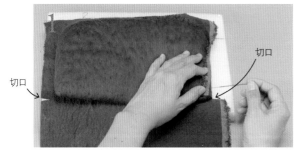

将用戳针戳刺好的口金包主体放到正面朝外的布上,
如图所示留出切口将两端折入内侧。

将布盖到羊毛上面之后,在布的上面还要薄薄地、均匀
地放一层羊毛,然后用戳针戳刺将布固定住。

翻过来之后将两端如图所示折叠进去,放上羊毛从上
面戳刺使之黏着上去。另一面也是将羊毛放置均匀进
行戳刺,将布固定住。

在这种状态下用热水和肥皂液进行毡化。

从塑料袋中取出羊毛,紧贴着口金(或者纸型)按照其
形状用剪刀剪切。

再一次放入塑料袋中,用热水和肥皂液毡化切口处,
要使羊毛和布牢牢地毡化到一起。

Tablet case

15 平板电脑口金包

如何制作 → P.73 纸型 No.5

建议

"很难找到一个自己喜欢的平板电脑口金包",听很多人这么说。

如果那样的话,就用自己喜欢的颜色及也很容易处理的羊毛做一个小型平板电脑

口金包试试吧。随意缠绕一些带亮片的装饰线,再从上面戳刺一些羊毛,

根本不用担心开线,还可以用戳针修补。

装饰线的缠绕方法

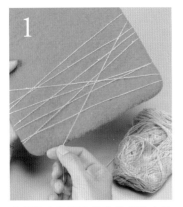

在用热水和肥皂液毡化好的主体上随意缠上一些装饰线。在起头和结尾处要深深戳刺把线牢牢地固定上去。

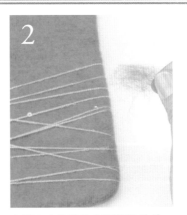

在缠上去的线的上面薄薄地放一些与底色一样颜色的羊毛。尽量放到线与线交叉的地方。

用戳针戳刺羊毛。要在多处进行戳刺,将装饰线牢牢地固定到主体上去。

要点

● **形状歪斜时的处理办法** ●

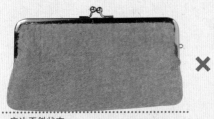

底边歪斜状态 ✕

底边较直的状态 ○

制作长方形的东西时,在嵌入口金边的过程中,有时候会出现左图上那样的歪斜状态。

从口金边的"扭转扣"的部分,左右要一点一点地将切口塞入口金边的沟槽中。另外,防止这种歪斜有2个要点。

① 在毡化的过程中,要将羊毛紧紧地沿着纸型翻过来。

② 用热水和肥皂液毡化结束的阶段,要确认一下是否歪斜,再测量尺寸,如果发生了歪斜的话,要用熨斗熨烫至半干的状态之后,再拉扯整形。

Wool work porch

16 羊毛刺绣口金包

如何制作 → **P.74** **纸型 No.6**

红色

蓝色

建议

使用"水溶性薄纸"的话就可以按照底样进行羊毛刺绣了。
第1张画出整体的轮廓,第2张以后画出色彩和花纹,然后在上面进行刺绣。
最后用水浸湿将薄纸溶化掉就完成了。这是一种把在以前的羊毛刺绣中很难做到的、
很多人喜欢的插图和很难的绘画原封不动地再现出来的专门的素材。

使用了"水溶性薄纸"的羊毛刺绣

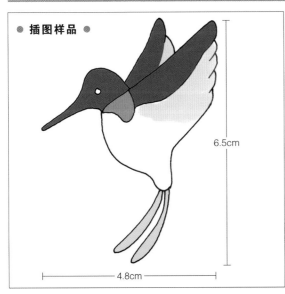

● 插图样品 ●

6.5cm

4.8cm

1

在"水溶性薄纸"上临摹底样。用水性笔描画出整体轮廓。

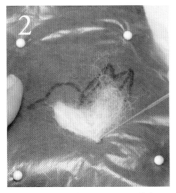

2

将描好的底样放到口金包主体想要刺绣的地方,用大头针等进行固定。从上面放置主题图案中颜色比例最多的部分(鸟的情况下整个身体的白色)的羊毛,然后按照图形进行戳刺。

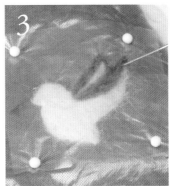

3

接下来将欲叠加颜色的地方临摹到薄纸上进行剪贴,如图所示粘贴到主题图案上,放上羊毛进行戳刺。

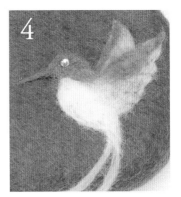

4

将剪切下来的几种颜色的水溶性薄纸粘贴到主题图案上,再放上羊毛进行戳刺。最后用水浸湿,溶解掉薄纸,晾干后用黏合剂粘上莱茵水晶石就完成了。

Woolcloth porch

17 布毡口金化妆包

如何制作 → P.75 纸型 No.7

与"口金眼镜盒"一样将布和羊毛毡化到一起的方法叫作"布毡"。
由于毡化到一起的布的收缩程度不同,所以我们看到的形态也是各种各样。
手袋的拼条折回内侧后缝上去,由于拼条的大小不同,形状也有所变化。
如果把羊毛放到布和羊毛的分界线上进行毡化,分界线就会不太明显。

使布和羊毛的分界线不那么明显的方法

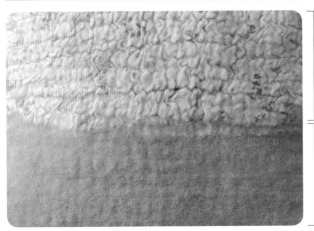

布

毛毡

这是一种下面用毛毡、上面用布的不同素材的组合(左图)。将羊毛和布毡化到一起使之一体化之后,就没有缝隙了,分界线也就很自然地完成了。

1

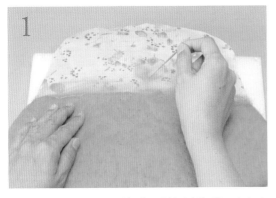

将按照形状剪下来的布放到用戳针戳刺好的口金包主体上,在上面各处薄薄地放一层同颜色(这个作品是粉红色)的羊毛用戳针戳刺,轻轻地将羊毛和布固定到一起。

2

照原样装入塑料袋中,用热水和肥皂液进行毡化。随着羊毛的萎缩,布面上就出现了褶皱。

Bag with lace

18 蕾丝边口金包

如何制作 → P.76 纸型 No.8

建议

这是一种使用了针织专用蕾丝的羊毛制品的雅致的口金包。
将羊毛覆盖在蕾丝孔的部分进行戳刺使之固定，没有戳刺的部分不要与包体一起进行毡化，
要在蕾丝与包体之间加入隔离材料之后再进行毡化。因为是较大的作品，
所以要花费更多一点的时间进行毡化，为了使形状不歪斜要把握好平衡再进行滚动。

蕾丝的安装方法

毛毡

蕾丝

利用蕾丝的孔，不需要缝纫，将羊毛缠绕上去没有接缝，这样可以做出简洁而高雅的成品。

1

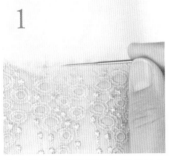

将蕾丝放到用戳针毡化好的口金包主体上，在蕾丝上面的部分放上羊毛用戳针戳刺进行固定。

2

加进去的隔离材料

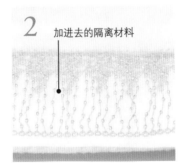

在口金包主体和蕾丝之间加入按蕾丝尺寸剪切好的隔离材料（材料外）。

3

再放入塑料袋中，用热水和肥皂液进行毡化。要加隔离材料，是因为只需要蕾丝的一部分粘到口金包主体上即可。

19 手拎大口金包

如何制作 → P.77 纸型 No.9

建议

crutchi bag

这是一款中间带口袋的手拎大口金包，也是一个手提包，可作为两种类型使用。如果在打开的状态下进行毡化，在对折的状态下进行干燥，就会有折痕。口袋的形状可以通过随意改变纸型的大小和形状来确定。

安装口袋

如果是打开的状态，就成为一个可以看见口袋的手提包。

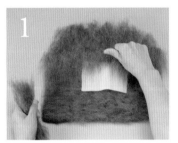

在铺了1层羊毛的上面，将与口袋同尺寸的纸型放到想安装口袋的位置，在其上面再摆放第2层，然后按照基本过程用热水和肥皂液进行毡化。

毡化之后，用手指触摸口袋纸型的周围，将欲开口的部分用剪刀剪开，取出纸型。形成的边儿再用热水和肥皂液进行毡化，使其与周围一致。

口金的缝合方法

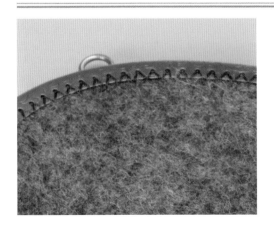

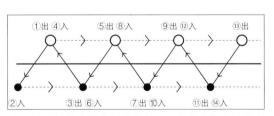

缝纫针要从①中拔出从②中插入，从③中拔出从④中插入。这样反复操作，缝纫线就会以"之"字形方式缝上口金。

Parent and child clasp
20 子母口金包　如何制作 → P.78　纸型 No.10

建议

oyako kuchigane

如果打开口金的话里边还有一个口金,这就叫子母口金。
如果是羊毛毡的话,用一个纸型就可以做出子母口金包了。
将一头插入内侧,安上两个口金调整其长短就可以了。
底部密密地卷针缝是制作的要点。

用一个纸型制作出来的子母口金包

1

按照纸型摆放羊毛进行毡化。图中是毡化了的形状。

2 上部 下部

上部与下部都分别用剪刀剪开,从上部取出纸型,毡化到成品尺寸。

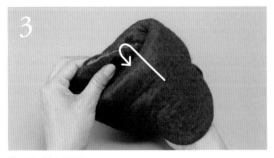

3

将下部折入里面。

4

嵌入口金,为了将外侧和里侧的口金同时嵌入,要调整折进去的部分。

5

形状确定之后,就可以在安装好口金的状态下使之自然风干,然后再用黏合剂黏合。

6

底部是开着口儿的,要将这个口用卷针缝缝牢固。

也可作为
手提包使用

Square box[应用1]
21 方形口金盒

如何制作 → P.79　纸型 No.11

建议

gamaguchi box

用正方形的垫子代替保丽龙球制作出来的应用作品。
因为有角就不能像球那样滚动。
为了使整个盒子毡化均匀，
每一面都要用力揉搓是最重要的。

制作立体模型，卷上羊毛

将 A4 纸尺寸的戳针垫剪切成 4 等份。

将其中的 3 块摞起来，用双面胶粘在一起。

如图示卷上毛毡。

撕扯适量毛毡覆盖在两头开口处，并将毛毡戳刺上去。

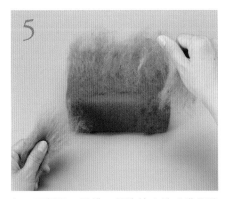

每一面都竖一层横一层地放上羊毛进行戳刺。整体都戳刺上两层之后，用热水和肥皂液进行毡化。

Square case［应用2］

22 方形口金包

如何制作 → **P.79** 纸型 No.12

建议

这是一款用金属气眼开孔的方形口金包。随意安装3种金属气眼,或用金线刺绣随意把玩。与"方形口金盒"一样的制作方法,但是要使用角上带有扭转扣的口金,所以切口不能弯曲是制作的要点。

金属气眼的开法

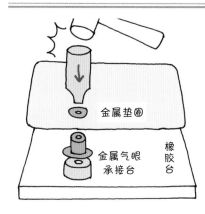

金属垫圈

金属气眼承接台　橡胶台

打洞的"开孔"要用螺旋式锥子或者用带刃的开孔工具。如果是羊毛的话,因料子很厚不能很好地安装时,要使用长腿儿的金属气眼。

基础知识 2

球形和纸型通用的工具

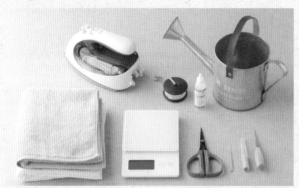

图中从左上方开始为：熨斗 / 卷尺（尺子）/ 毡化羊毛专用肥皂液 / 小喷壶 / 毛巾（2 条）/ 电子秤 / 剪刀 / 戳针（极细型）/ 毡化用·带柄戳针（2 根针）/ 锥子

如果有这些工具就更方便了（只限纸型）

① 洗衣板
在上面用热水和肥皂液进行毡化操作的话进度会很快。

② 扁头锥
将切口嵌入口金中的时候用起来会很方便。

③ 安装口金的专用钳子
将切口嵌入口金之后，要将口金腿的两端扣紧时使用。

工具准备

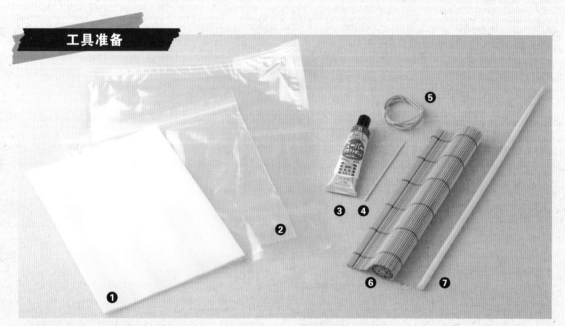

❶ 隔离材料 / 毡化工作垫 A4 尺寸
作为纸型使用。

❷ 带拉链的塑料袋
在这个袋子中进行毡化。作为使用的大小的标准，将纸型放在袋子下面，左右中央的位置，左右各留出 5cm，距拉链 15cm。根据其大小可使用"衣服用压缩袋"。要选择透明且没有空气栓等突起的种类。

❸ 口金包专用黏合剂
安装口金时使用。

❹ 牙签
在往口金上涂抹黏合剂的时候使用。

❺ 纸绳
在安装口金时，用于调节厚度。

❻ 寿司卷帘（备用物品）
在怎么也收缩不到指定的尺寸时，卷到寿司卷帘上滚动进行毡化。

❼ 做菜用的筷子（长筷子）
在用热水和肥皂液进行毡化时，难以滚动的情况下，可以夹在拉链间作为卷芯使用。

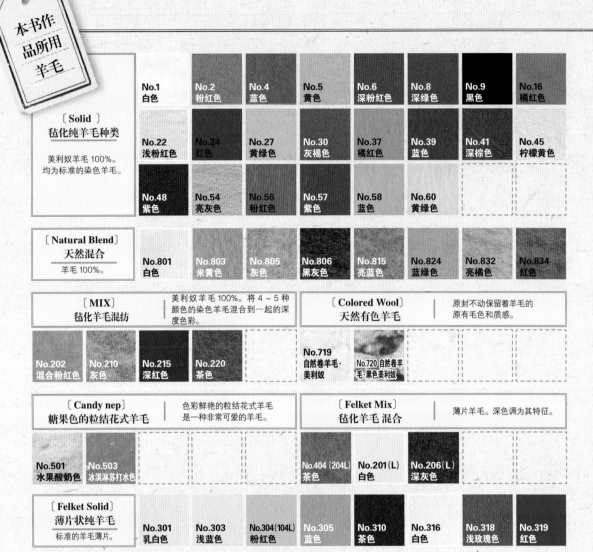

本书作品所用羊毛

〔Solid〕
毡化纯羊毛种类

美利奴羊毛 100%。均为标准的染色羊毛。

No.1 白色	No.2 粉红色	No.4 蓝色	No.5 黄色	No.6 深粉红色	No.8 深绿色	No.9 黑色	No.16 橘红色
No.22 浅粉红色	No.24 红色	No.27 黄绿色	No.30 灰褐色	No.37 橘红色	No.39 蓝色	No.41 深棕色	No.45 柠檬黄色
No.48 紫色	No.54 亮灰色	No.56 粉红色	No.57 紫色	No.58 蓝色	No.60 黄绿色		

〔Natural Blend〕
天然混合

羊毛 100%。

No.801 白色	No.803 米黄色	No.805 灰色	No.806 黑灰色	No.815 亮蓝色	No.824 蓝绿色	No.832 亮橘色	No.834 红色

〔MIX〕
毡化羊毛混纺

美利奴羊毛 100%。将 4～5 种颜色的染色羊毛混合到一起的深度色彩。

No.202 混合粉红色	No.210 灰色	No.215 深红色	No.220 茶色

〔Colored Wool〕
天然有色羊毛

原封不动保留着羊毛的原有毛色和质感。

No.719 自然卷羊毛·美利奴	No.720 自然卷羊毛·黑色美利奴

〔Candy nep〕
糖果色的粒结花式羊毛

色彩鲜艳的粒结花式羊毛是一种非常可爱的羊毛。

No.501 水果酸奶色	No.503 冰淇淋苏打水色

〔Felket Mix〕
毡化羊毛 混合

薄片羊毛。深色调为其特征。

No.404（204L）茶色	No.201（L）白色	No.206（L）深灰色

〔Felket Solid〕
薄片状纯羊毛

标准的羊毛薄片。

No.301 乳白色	No.303 浅蓝色	No.304（104L）粉红色	No.305 蓝色	No.310 茶色	No.316 白色	No.318 浅玫瑰色	No.319 红色

※ 本书作品中使用的是上述的和麻纳卡的产品。"用保丽龙球制作的口金包"量小，使用的是和麻纳卡分装的"糖果色毛线"。使用的糖果色毛线的系列名称在如何制作的各款作品的材料栏中均有明确记载。

※ 薄片状羊毛以 M 号为基准，但是并没有明确地写出"M 号"。L 号在如何制作的材料栏中明确地写成了"L 号"。

如何制作〔开始之前〕- -

从下一页开始介绍各种作品的材料和制作步骤。请仔细阅读基本做法和建议之后进行尝试吧!

- 请分别阅读"用保丽龙球制作 迷你口金包 制作方法"(P.08)和"用纸型制作 口金名片盒 制作方法"(P.37)，来把握基本的操作流程吧。

- 在制作开始之前，请先确认各款作品的建议和如何制作。

- 必要的工具，球形制作所需工具请在"基础知识 1"(P. 30)中确认，纸型制作所需工具请在"基础知识 2"(P. 63)中确认，各款作品中所需材料请在如何制作栏中确认。

- 在如何制作中材料栏只明确记录了和麻纳卡羊毛和薄片状羊毛的色系号码。羊毛的种类请在本页上面的"本书作品所用羊毛"中进行确认。

- "用纸型制作的口金包"可先使用书末"实物大纸型"制作纸型。

- 制作材料中口金表示方法：H207(型)-005(号)-2/ 银色(颜色)。除此之外其他颜色都有明确记载。

1

迷你口金包
（4 种颜色）

{ P.06 }

Small coin purse of basic 4color

［成品尺寸］
各色包：高5cm（包括口金），
宽4.5cm

| 材 料 | ★羊毛：使用糖果色羊毛[10色套装]可制作出全套颜色的口金包。 |

羊毛：56（粉红色）、57（紫色）、58（蓝色）、60（黄绿色）各3.5g
所有颜色的通用材料
薄片状羊毛：316（白色）4.5cm×15cm 2片
保丽龙球：直径4.5cm/4cm
口金：外径宽约4cm，高约2.5cm（H207-015-1/金色）

| 步 骤 | 可参照"迷你口金包 制作方法（P.08）" |

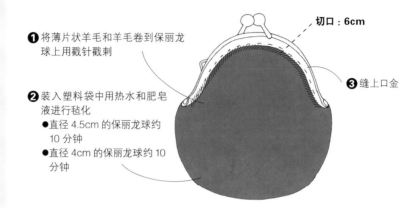

❶ 将薄片状羊毛和羊毛卷到保丽龙球上用戳针戳刺

❷ 装入塑料袋中用热水和肥皂液进行毡化
● 直径 4.5cm 的保丽龙球约 10 分钟
● 直径 4cm 的保丽龙球约 10 分钟

切口：6cm

❸ 缝上口金

2

圆鼓鼓的
迷你口金包

{ P.12 }

Small coin purse of chubby

［成品尺寸］
各色包：高4.5cm（包括口金），宽5cm（最宽处）

| 材 料 | ★羊毛：使用糖果色羊毛[黑灰色] 可制作出全套颜色的口金包。 |

羊毛：30（灰褐色）、210（灰色）各3.5g
所有颜色的通用材料
薄片状羊毛：404（茶色）4.5cm×15cm 2片
保丽龙球：直径 4.5cm/4cm
口金：外径宽约 4cm，高约 2.5cm（H207-015-4/仿古色）

| 步 骤 | 可参照"迷你口金包 制作方法（P.08）、P.13" |

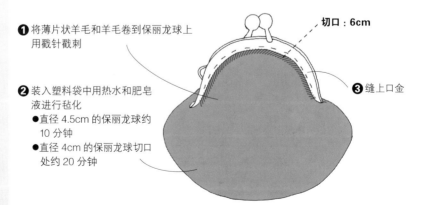

❶ 将薄片状羊毛和羊毛卷到保丽龙球上用戳针戳刺

❷ 装入塑料袋中用热水和肥皂液进行毡化
● 直径 4.5cm 的保丽龙球约 10 分钟
● 直径 4cm 的保丽龙球切口处约 20 分钟

切口：6cm

❸ 缝上口金

3

粉红色渐变口金包

[P.14]

Pink gradation

[成品尺寸]
各色包：高5cm（包括口金），宽4.5cm

| 材料 | ★羊毛：使用糖果色羊毛[粉紫色]可制作出全套颜色的口金包。

【深粉红色】
羊毛：[口金包主体]801（白色）3.5g、[渐变色]6（深粉红色）少许
施华洛世奇5328号珠4mm 20颗

【浅粉红色】
羊毛：[口金包主体]22（浅粉红色）3.5g、[渐变色]202（混合粉红色）少许
珍珠串珠3mm白色 20颗

所有花纹的通用材料
薄片状羊毛：304（粉红色）4.5cm×15cm 2片
保丽龙球：直径4.5cm/4cm
口金：外径宽约4cm，高约2.5cm（H207-015-4/金色）

| 步骤 | 可参照"迷你口金包 制作方法（P.08）、P.15"

❶ 将薄片状羊毛和羊毛卷到保丽龙球上用戳针戳刺

❷ 戳刺出渐变色花纹

❸ 装入塑料袋中用热水和肥皂液进行毡化
● 直径4.5cm的保丽龙球约10分钟
● 直径4cm的保丽龙球约10分钟

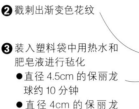

切口：6cm

❹ 使用穿施华洛世奇水晶珠和珍珠串珠的针，一边穿串珠一边缝上口金

4

可爱圆点口金包（3款）

[P.16]

Polka dots 3type

[成品尺寸]
各色包：高5.5cm（包括口金），宽6cm（最宽处）

| 材料 | ★羊毛：使用糖果色羊毛[sucre・双色]可制作出"红色底/白色圆点""白色底/红色圆点"的口金包。

【红色底 / 白色圆点】
羊毛：[口金包主体]834（红色）5g、[圆点]1（白色）1g

【白色底 / 红色圆点】
羊毛：[口金包主体]1（白色）5g、[圆点]834（红色）1g

【黄绿色底 / 白色圆点】
羊毛：[口金包主体]27（黄绿色）5g、[圆点]1（白色）1g

所有花纹的通用材料
薄片状羊毛：316（白色）5cm×15cm 2片
保丽龙球：直径5.5cm/5cm
口金：外径宽约5cm，高约4cm

| 步骤 | 可参照"迷你口金包 制作方法（P.08）、P.17"

| 小窍门 | 将口金包主体用热水和肥皂液进行毡化，等完全干燥之后再用戳针将圆点戳刺上去的话，做成的圆点更为清晰。

【红色底 / 白色圆点】模糊的圆点

❶ 将薄片状羊毛和羊毛卷到保丽龙球上用戳针戳刺

❷ 戳刺圆点

❸ 装入塑料袋中用热水和肥皂液进行毡化
● 直径5.5cm的保丽龙球约10分钟
● 直径5cm的保丽龙球约10分钟

切口：7cm

❹ 缝上口金

口金包主体：834（红色）
圆点：1（白色）

【白色底 / 红色圆点】清晰的圆点

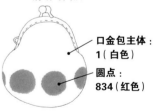

口金包主体：1（白色）
圆点：834（红色）

【黄绿色底/白色圆点】口金包主体：27（黄绿色）、圆点：1（白色），用与【红色底/白色圆点】同样的间隔进行戳刺。要使圆点图案清晰。

5

猫皮花纹口金包

{ P.18 }

Cat pattern

[成品尺寸]

各色包：高6cm（包括口金），
宽5.5cm（最宽处）

| 材料 | 【黑灰色】 |

羊毛：[口金包主体]1（白色）5g、[花纹]9（黑色）/805（灰色）各不足1g

【白黑茶三色】

羊毛：[口金包主体]1（白色）5g、[花纹]41（深棕色）/803（米黄色）各少许

【猫皮色】

羊毛：[口金包主体]832（亮橘色）5g、[花纹]220（茶色）1g、801（白色）少许

所有花纹的通用材料

薄片状羊毛：316（白色）5cm×15cm 2片

保丽龙球：直径5.5cm/5cm

口金：外径宽约5cm，高约4cm

| 步骤 | 可参照"迷你口金包 制作方法（P.08），P.18、19" |

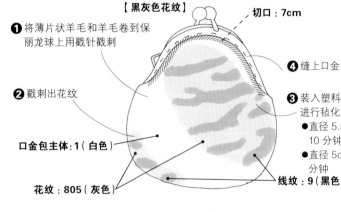

【黑灰色花纹】

切口：7cm

❶ 将薄片状羊毛和羊毛卷到保丽龙球上用戳针戳刺

❷ 戳刺出花纹

❹ 缝上口金

❸ 装入塑料袋中用热水和肥皂液进行毡化

　●直径 5.5cm 的保丽龙球约 10 分钟

　●直径 5cm 的保丽龙球约 10 分钟

口金包主体：1（白色）

花纹：805（灰色）

线纹：9（黑色）

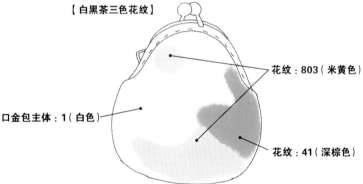

【白黑茶三色花纹】

花纹：803（米黄色）

口金包主体：1（白色）

花纹：41（深棕色）

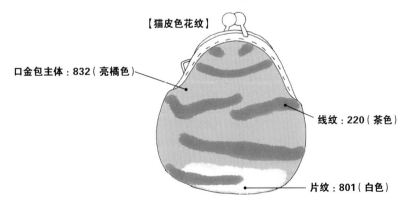

【猫皮色花纹】

口金包主体：832（亮橘色）

线纹：220（茶色）

片纹：801（白色）

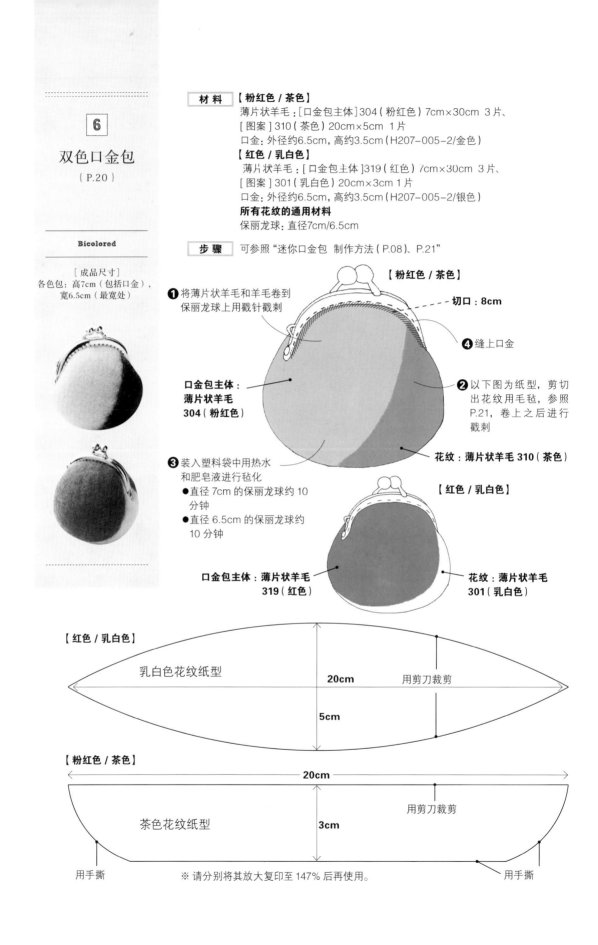

6

双色口金包
〈 P.20 〉

Bicolored

［成品尺寸］
各色包：高7cm（包括口金），
宽6.5cm（最宽处）

| 材 料 | **【粉红色 / 茶色】** |

薄片状羊毛：[口金包主体]304（粉红色）7cm×30cm 3片、
[图案]310（茶色）20cm×5cm 1片
口金：外径约6.5cm, 高约3.5cm（H207-005-2/金色）
【红色 / 乳白色】
薄片状羊毛：[口金包主体]319（红色）/cm×30cm 3片、
[图案]301（乳白色）20cm×3cm 1片
所有花纹的通用材料
保丽龙球：直径7cm/6.5cm

| 步 骤 | 可参照"迷你口金包 制作方法（P.08）、P.21" |

【粉红色 / 茶色】

❶ 将薄片状羊毛和羊毛卷到
保丽龙球上用戳针戳刺

切口：8cm

❹ 缝上口金

口金包主体：
薄片状羊毛
304（粉红色）

❷ 以下图为纸型，剪切
出花纹用毛毡，参照
P.21，卷上之后进行
戳刺

❸ 装入塑料袋中用热水
和肥皂液进行毡化
● 直径 7cm 的保丽龙球约 10
分钟
● 直径 6.5cm 的保丽龙球约
10 分钟

花纹：薄片状羊毛 310（茶色）

【红色 / 乳白色】

口金包主体：薄片状羊毛
319（红色）

花纹：薄片状羊毛
301（乳白色）

【红色 / 乳白色】

乳白色花纹纸型

20cm

用剪刀裁剪

5cm

【粉红色 / 茶色】

20cm

用剪刀裁剪

茶色花纹纸型

3cm

用手撕

※ 请分别将其放大复印至 147% 后再使用。

用手撕

7

条纹
口金包

{ P.22 }

**Horizontal stripe
and stripe**

[成品尺寸]

各色包：高7cm（包括金属口
金），宽6.5cm（最宽处）

材料 ★羊毛：使用糖果色羊毛[法国咖啡]系列可制作出竖条纹。

【竖条纹】
羊毛：[口金包主体]1（白色）10g、[条纹]37（橘红色）2g/824（蓝绿色）1g
口金：外径宽约6.5cm，高约3.5cm（H207-005-1金色）

【饰边条纹】
羊毛：1（白色）10g，棉线：亚麻线K18（蓝色）约3m
口金：外径宽约6.5cm，高约3.5cm（H207-005-2/银色）

所有花纹的通用材料
薄片状羊毛：316（白色）7cm×30cm 2片
保丽龙球：直径7cm/6.5cm

步骤 可参照"迷你口金包 制作方法（P.08）、P.23"

❶ 将薄片状羊毛和用于做口金包主体
的羊毛卷到保丽龙球上用戳针戳刺

❷ 戳刺出5mm宽
的竖条纹

❸ 装入塑料袋中用热水
和肥皂液进行毡化
●直径7cm的保丽龙球约
10分钟
●直径6.5cm的保丽龙球约
10分钟

口金包主体：1（白色）

宽条纹：37（橘红色）

**细条纹：
824（蓝绿色）**

【竖条纹】
切口：8cm
❹ 缝上口金

【饰边条纹】
口金包主体：1（白色）
棉线：
亚麻线K18
（蓝色）

1cm

毡化条纹，干燥后用戳针戳
刺出1cm宽的条纹

8

平底口金包

{ P.24 }

Stand-alone type porch

[成品尺寸]

各色包：高6cm（包括口金），
宽6.5cm（最宽处）

材料 ★羊毛：使用糖果色羊毛[雏菊色]系列可制作整体图案。

【黄色/蓝色】羊毛：5（黄色）6g、4（蓝色）2.5g
薄片状羊毛：301（乳白色）7cm×30cm 2g
口金：外径宽约6.5cm，高约3.5cm（H207-005-2/银色）

【黄色】羊毛：5（黄色）7g，薄片状羊毛：301（乳白色）7cm×30cm 2片
口金：外径宽约6.5cm，高约3.5cm（H207-005-2/银色）

【蓝绿色】羊毛：8（深绿色）7g，薄片状羊毛：303（浅蓝色）7cm×30cm 2片
口金：外径宽约6.5cm，高约3.5cm（H207-005-1金色）

所有花纹的通用材料
保丽龙球：直径7cm/6.5cm

步骤 可参照"迷你口金包 制作方法（P.08）、P.25"

❶ 将保丽龙球切去1/3，用胶带
贴到切口处

❷ 将薄片状羊毛和羊毛卷到口金包
主体上用戳针戳刺

❸ 装入塑料袋中用热水和肥皂液
将直径7cm的保丽龙球进行毡
化7分钟。暂时取出用毛巾吸干
水分后，从底部戳刺4号（蓝色）
羊毛到高出底部1cm处

❹ 换入直径6.5cm的保丽龙球，再
毡化大约10分钟，图案部分要向
同一个方向揉搓

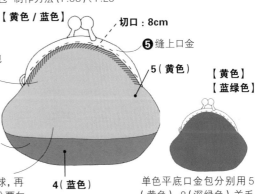

【黄色/蓝色】
切口：8cm
❺ 缝上口金

5（黄色）

4（蓝色）

【黄色】
【蓝绿色】

单色平底口金包分别用5
（黄色）、8（深绿色）羊毛
进行制作

9

双色卷毛口金包
{ P.26 }

Two color fluffy loop

[成品尺寸]
各色包：高6cm（包括口金），
宽6.5cm（最宽处）

材 料 【白色】
羊毛： 1（白色）5g，毛线：带圈圈的毡化毛线 原色 约7m
口金：外径宽约6.5cm，高约3.5cm（H207-005-4/金色）
【灰色】
羊毛： 1（白色）5g，毛线：带圈圈的毡化毛线 浅茶色 约7m
口金：外径宽约6.5cm，高约3.5cm（H207-005-1/仿古色）
所有花纹的通用材料
薄片状羊毛：316（白色）5cm×15cm 2片
保丽龙球：直径5.5cm/5cm

步 骤 可参照"迷你口金包 制作方法（P.08）、P.27"

❶ 将薄片状羊毛卷到保丽龙球上用戳针戳刺

❷ 将羊毛卷上去后进行戳刺。因为还要从上面植入毛线，所以表面不用修理得很整齐

❸ 装入塑料袋中用热水和肥皂液进行毡化
● 直径 5.5cm 的保丽龙球约 10 分钟
● 直径 5cm 的保丽龙球约 10 分钟

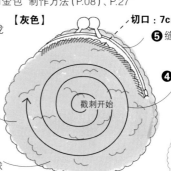

【灰色】　切口：7cm
❺ 缝上口金
戳刺开始
❹ 植入毛线
浅茶色带圈圈的毡化毛线

【白色】

白色口金包要用"带圈圈的原色"毛线进行植毛

10

天然卷羊毛
口金包
{ P.28 }

Scoured wool

[成品尺寸]
各色包：高8cm（包括口金），
宽8.5cm（最宽处）

材 料 【茶色】
羊毛：41（深棕色）8g、720（自然卷羊毛·黑色美利奴）10g
薄片状羊毛：404（茶色）10cm×40cm 2片
口金：外径宽约7.5cm，高约4cm（H207-004-3/烟熏色）
【白色】
羊毛：1（白色）8g、719（自然卷羊毛·美利奴）10g
薄片状羊毛：316（白色）10cm×40cm 2片
口金：外径宽约7.5cm，高约4cm（H207-008-2/仿古色）
所有花纹的通用材料
保丽龙球：直径9cm/8.5cm

步 骤 可参照"迷你口金包 制作方法（P.08）、P.29"

❶ 将薄片状羊毛和羊毛卷到保丽龙球上用戳针戳刺

❷ 一边扩展720（自然卷羊毛·黑色美利奴）一边无缝隙地进行戳刺

❸ 装入塑料袋中用热水和肥皂液进行毡化
● 直径 9cm 的保丽龙球约 15 分钟
● 直径 8.5cm 的保丽龙球约 15 分钟

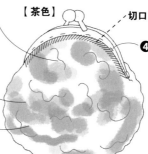

【茶色】　切口：11cm
❹ 缝上口金

【白色】

白色口金包要戳刺719（自然卷羊毛·美利奴）

11

口金名片盒

{ P.36 }

纸型 No.1

Basic card case

[成品尺寸]

各色包：高11cm（包括
口金），宽7.5cm

材 料 【紫色】羊毛：48（紫色）10g，薄片状羊毛：310（茶色）10cm×36cm　1片
　　　　口金：外径宽约7.5cm，高约3.5cm（仿古色）
　　　　【红色】羊毛：24（红色）10g，薄片状羊毛：304（粉红色）10cm×36cm　1片
　　　　口金：外径宽约7.5cm，高约3.5cm（仿古色）
　　　　【粉红色】羊毛：2（粉红色）10g，薄片状羊毛：304（粉红色）10cm×36cm　1片
　　　　口金：外径宽约7.5cm，高约3.5cm（金色）
　　　　※用书末所附实物大纸型制作纸型，确认成品尺寸。

步 骤　可参照"口金名片盒　制作方法（P.37）"

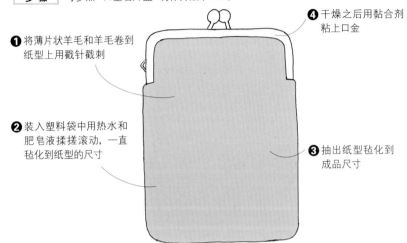

❶将薄片状羊毛和羊毛卷到
纸型上用戳针戳刺

❷装入塑料袋中用热水和
肥皂液揉搓滚动，一直
毡化到纸型的尺寸

❸抽出纸型毡化到
成品尺寸

❹干燥之后用黏合剂
粘上口金

12

口金针线盒

{ P.42 }

纸型 No.2

Needle case

[成品尺寸]

各色包：高11.5cm（包括口
金），宽12cm

材 料 【粉红色】羊毛：501（水果酸奶色）8g
　　　　薄片状羊毛：304（粉红色）15cm×14.5cm　1片
　　　　【蓝色】羊毛：503（冰淇淋苏打水色）8g
　　　　薄片状羊毛：305（蓝色）15cm×14.5cm　1片
　　　　所有花纹的通用材料
　　　　口金：外径宽约12cm，高约11.5cm
　　　　※用书末所附实物大纸型制作纸型，确认成品尺寸。

步 骤　可参照P.43

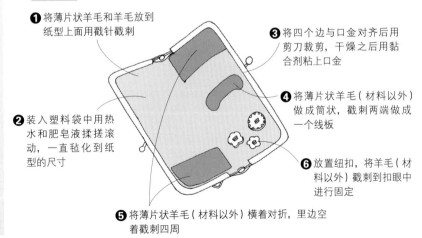

❶将薄片状羊毛和羊毛放到
纸型上面用戳针戳刺

❷装入塑料袋中用热
水和肥皂液揉搓滚
动，一直毡化到纸
型的尺寸

❸将四个边与口金对齐后用
剪刀裁剪，干燥之后用黏
合剂粘上口金

❹将薄片状羊毛（材料以外）
做成筒状，戳刺两端做成
一个线板

❺将薄片状羊毛（材料以外）横着对折，里边空
着戳刺四周

❻放置纽扣，将羊毛（材
料以外）戳刺到扣眼中
进行固定

13

口金笔盒

{ P.44 }

纸型 No.3

Pen case

［成品尺寸］

各色包：高9.5cm（包括口金），宽18cm

材料	【黑色格子花纹】

【黑色格子花纹】
羊毛：9（黑色）35g，薄片状羊毛：310（茶色）22cm×22cm 1片
毛线：grand etoffe（棕黑色）106，约4m
口金：外径宽约18cm，高约9.5cm（金色）
【丝带图案】
羊毛：54（亮灰色）35g/41（深棕色）1g
薄片状羊毛：305（蓝色）22cm×22cm 1片，茶色丝带：约54cm
仿古纽扣：直径1.7cm 1颗
口金：外径宽约18cm，高约9.5cm（银色）
※用书末所附实物大纸型制作纸型，确认成品尺寸。

步骤	可参照"口金名片盒 制作方法（P.37）、P.45"

【黑色格子花纹】

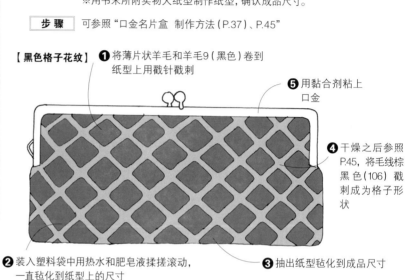

❶ 将薄片状羊毛和羊毛9（黑色）卷到纸型上用戳针戳刺

❺ 用黏合剂粘上口金

❹ 干燥之后参照P.45，将毛线棕色（106）戳刺成为格子形状

❷ 装入塑料袋中用热水和肥皂液揉搓滚动，一直毡化到纸型上的尺寸

❸ 抽出纸型毡化到成品尺寸

【丝带图案】

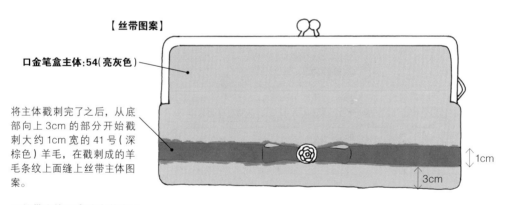

口金笔盒主体：54（亮灰色）

将主体戳刺完了之后，从底部向上3cm的部分开始戳刺大约1cm宽的41号（深棕色）羊毛，在戳刺成的羊毛条纹上面缝上丝带主体图案。

↕1cm

3cm

■丝带主体图案的安装方法

用热水和肥皂液毡化，完全干燥之后，缝上丝带主体图案。

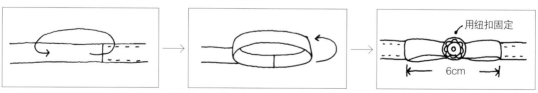

用纽扣固定

←6cm→

在41号（深棕色）羊毛条纹上面缝上丝带主体图案。在左右正中间的位置将多余的丝带返回来卷一圈，左右都卷成圈状。

做一个长约6cm的蝴蝶结，在正中间放1颗纽扣，缝上去就完成了。

14

口金眼镜盒

{ P.46 }

纸型 No.4

Glass case

[成品尺寸]

高10cm（包括口金），宽
18.5cm（最宽处）

材料 羊毛：8（深绿色）25g，薄片状羊毛：318（浅玫瑰色）23cm×15cm 2片
麻布（100%麻）：24cm×30cm
口金：外径宽约18cm，高约5.3cm（仿古色）
※按照书末所附实物大纸型制作纸型，确认成品尺寸。

步骤 可参照"口金名片盒 制作方法（P.37）、P.47"

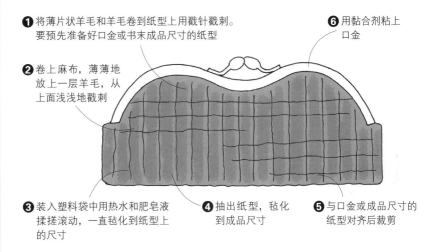

❶ 将薄片状羊毛和羊毛卷到纸型上用戳针戳刺。
要预先准备好口金或书末成品尺寸的纸型

❻ 用黏合剂粘上口金

❷ 卷上麻布，薄薄地放上一层羊毛，从上面浅浅地戳刺

❸ 装入塑料袋中用热水和肥皂液揉搓滚动，一直毡化到纸型上的尺寸

❹ 抽出纸型，毡化到成品尺寸

❺ 与口金或成品尺寸的纸型对齐后裁剪

15

平板电脑
口金包

{ P.48 }

纸型 No.5

Tablet case

[成品尺寸]

高26cm（包括口金），宽18cm

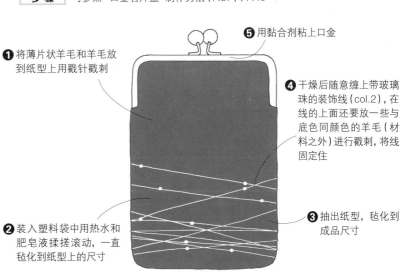

材料 羊毛：16（橘红色）50g，薄片状羊毛：L号204（茶色）30cm×45cm 1片
装饰线：带玻璃珠的装饰线col.2适量
口金：外径宽约18cm，高约7.5cm（仿古金黄色）
※按照书末所附实物大纸型，准备作品的纸型。

步骤 可参照"口金名片盒 制作方法（P.37）、P.49"

❶ 将薄片状羊毛和羊毛放到纸型上用戳针戳刺

❺ 用黏合剂粘上口金

❹ 干燥后随意缠上带玻璃珠的装饰线（col.2），在线的上面还要放一些与底色同颜色的羊毛（材料之外）进行戳刺，将线固定住

❷ 装入塑料袋中用热水和肥皂液揉搓滚动，一直毡化到纸型上的尺寸

❸ 抽出纸型，毡化到成品尺寸

羊毛刺绣口金包

{ P.50 }
纸型 No.6

Wool work porch

［成品尺寸］
各色包：高12.5cm（包括口金），宽12cm（最宽处）

材 料　【蓝色】

羊毛：[口金包主体]39（蓝色）30g，[花纹]1（白色）、30（灰褐色）、210（灰色）、60（黄绿色）、56（粉红色）各少许
薄片状羊毛：303（浅蓝色）16cm×15.5cm 2片（按照纸型裁剪）
施华洛世奇元素 2058号LT.丝绸SS12 1个

【红色】

羊毛：[口金包主体]24（红色）30g，[花纹]9（黑色）少许
薄片状羊毛：316（白色）16cm×15.5cm 2片（按照纸型裁剪）
施华洛世奇元素 2058号黑钻石/F SS20 4个
施华洛世奇元素 2058号太阳花/F SS20 2个
所有花纹的通用材料
口金：外径宽约9.9cm，高约5.7cm（仿古金色）
※按照书末所附实物大纸型制作纸型，确认成品尺寸。

步 骤　可参照"口金名片盒 制作方法（P.37）、P.51"

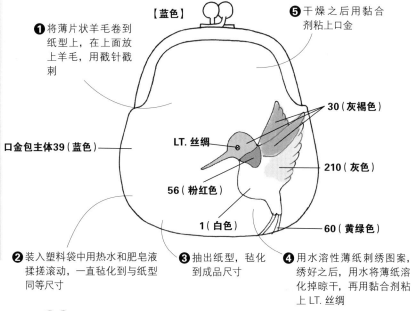

【蓝色】

❶ 将薄片状羊毛卷到纸型上，在上面放上羊毛，用戳针戳刺

❺ 干燥之后用黏合剂粘上口金

30（灰褐色）

LT. 丝绸

210（灰色）

56（粉红色）

口金包主体39（蓝色）

1（白色）

60（黄绿色）

❷ 装入塑料袋中用热水和肥皂液揉搓滚动，一直毡化到与纸型同等尺寸

❸ 抽出纸型，毡化到成品尺寸

❹ 用水溶性薄纸刺绣图案，绣好之后，用水将薄纸溶化掉晾干，再用黏合剂粘上 LT. 丝绸

【红色】

红色的口金包因为是纯色，不使用"水溶性薄纸"，而是直接刺绣上蚂蚁图案。

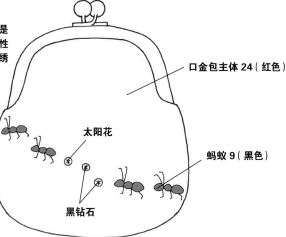

口金包主体 24（红色）

太阳花

蚂蚁 9（黑色）

黑钻石

蚂蚁的刺绣也可以只刺绣一面。

17

布毡口金
化妆包

{ P.52 }

纸型 No.7

Woolcloth porch

[成品尺寸]
高18cm（包括口金），宽
19cm（最宽处）
侧片8cm

| 材料 | 羊毛：37（橘红色）50g
薄片状羊毛：L号104（粉红色）34cm×26cm 2片
双层纱布：28cm×12cm 2片（参照纸型按照形状裁剪）
口金：外径宽约15cm，高约6cm（青铜/25mm圆形）
※按照书末所附实物大纸型制作纸型，确认成品尺寸。 |

| 步骤 | 可参照"口金名片盒 制作方法（P.37）、P.53" |

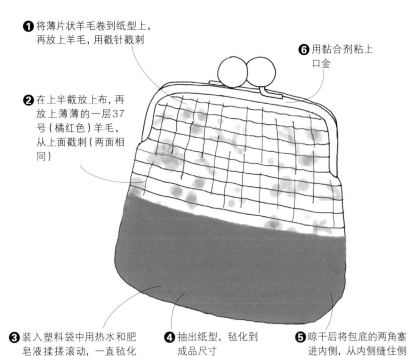

❶ 将薄片状羊毛卷到纸型上，再放上羊毛，用戳针戳刺

❻ 用黏合剂粘上口金

❷ 在上半截放上布，再放上薄薄的一层37号（橘红色）羊毛，从上面戳刺（两面相同）

❸ 装入塑料袋中用热水和肥皂液揉搓滚动，一直毡化到与纸型同等尺寸

❹ 抽出纸型，毡化到成品尺寸

❺ 晾干后将包底的两角塞进内侧，从内侧缝住侧片

■侧片的制作方法

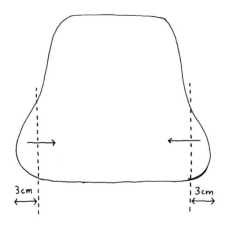

3cm

3cm

给毡化之后晾干的手袋上制作侧片。如图所示两角分别向内侧折进去3cm。
将手袋翻过来之后，准备缝衣针和缝纫线，从内侧缝上折进去的两角。翻至正面安上口金就完成了。

18

蕾丝边
口金包

{ P.54 }

纸型 No.8

Bag with lace

［成品尺寸］
高18cm（包括口金），
宽23cm

材料
羊毛：1（白色）60g
薄片状羊毛：L号尺寸201（白色）43cm×27cm 1片（裁剪成与纸型同样大小）
针织蕾丝：带流苏的蕾丝圈 米色48cm
珍珠链子：白色/银色70cm、圆环 1个
施华洛世奇水晶珠5328号4mm 112颗
巴洛克淡水珍珠4mm白色 36颗
口金：外径宽21cm，高约9cm（H207-010/仿古色）
※按照书末所附实物大纸型制作纸型，确认成品尺寸。

步骤 可参照"口金名片盒 制作方法（P.37）、P.55"

❼ 用钳子（所列工具之外）
打开圆环，安上珍珠链
子，再连接好圆环
※ 珍珠链要选择能够
穿到圆环里的尺寸。

❶ 将薄片状羊毛卷到
纸型上，在上面放
上羊毛，用戳针戳刺

❻ 一边穿珍珠一边
缝口金

❷ 在从底部向上10cm
的位置放上蕾丝，
在圆圈的部分一边
放上薄薄一层羊毛
一边戳刺固定

❸ 在蕾丝和羊毛之间加入隔离材
料，装入塑料袋中用热水和肥
皂液揉搓滚动，一直毡化到与
纸型同等尺寸

❹ 抽出纸型，毡化到
成品尺寸

❺ 晾干后，剪掉蕾丝
下面的圆圈部分

■安装到口金上的串珠的顺序

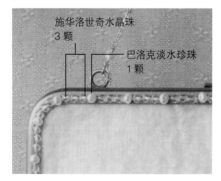

施华洛世奇水晶珠
3颗

巴洛克淡水珍珠
1颗

在安装口金的时候，要一边在两面穿上串珠
一边缝上去。首先，缝上施华洛世奇水晶珠3
颗、巴洛克淡水珍珠1颗。
施华洛世奇水晶珠3颗→巴洛克淡水珍珠1
颗→施华洛世奇水晶珠3颗→巴洛克淡水珍
珠1颗……这样反复操作。最后用2颗施华
洛世奇水晶珠收尾。

19

手拎大口金包

《P.56》

纸型 No.9

Clutch bag

［成品尺寸］
高26cm（包括口金），
宽26cm

材 料 羊毛：806（黑灰色）70g
薄片状羊毛：L号206（深灰色）30cm×65cm 1片（裁剪成与纸型同样大小）
手提包链（带连接环）：仿古色40cm
口金：外径宽约24.5cm，高约11cm（仿古金色）
※按照书末所附实物大纸型制作纸型，确认成品尺寸。

步 骤 可参照"口金名片盒 制作方法（P.37）、P.57"

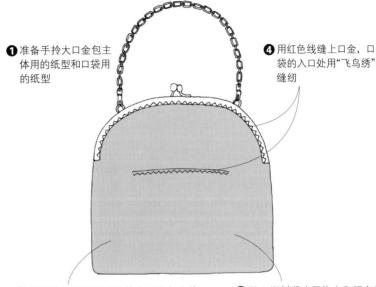

❶ 准备手拎大口金包主
体用的纸型和口袋用
的纸型

❹ 用红色线缝上口金，口
袋的入口处用"飞鸟绣"
缝纫

❷ 将薄片状羊毛卷到手拎大口金包主
体的纸型上，在上面横、竖各放上一层
羊毛，将口袋的纸型放在距下面8cm
的中间位置，放第2层羊毛进行戳刺

❸ 装入塑料袋中用热水和肥皂液揉搓
滚动，一直毡化到与纸型同等尺寸。
抽出纸型和口袋用纸型，进一步毡化
到纸型上的成品尺寸

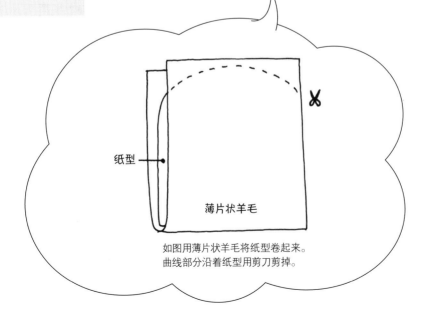

纸型

薄片状羊毛

如图用薄片状羊毛将纸型卷起来。
曲线部分沿着纸型用剪刀剪掉。

20

子母口金包

{ P.58 }
纸型 No.10

Parent and child clasp

［成品尺寸］
高10.5cm（包括口金），宽
13cm（最宽处）

材料　羊毛：215（深红色）35g
薄片状羊毛：304（粉红色）22cm×16cm　2片（裁剪成与纸型同样大小）
口金：外径宽约10.5cm，高约6cm（银色）
※按照书末所附实物大纸型制作纸型，确认成品尺寸。

步骤　可参照"口金名片盒　制作方法（P.37）、P.59"

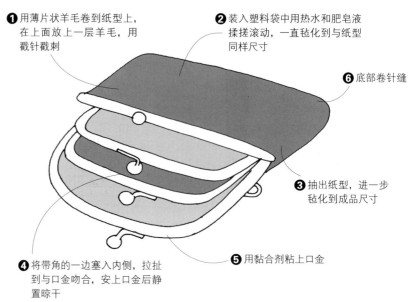

❶ 用薄片状羊毛卷到纸型上，在上面放上一层羊毛，用戳针戳刺

❷ 装入塑料袋中用热水和肥皂液揉搓滚动，一直毡化到与纸型同样尺寸

❻ 底部卷针缝

❸ 抽出纸型，进一步毡化到成品尺寸

❹ 将带角的一边塞入内侧，拉扯到与口金吻合，安上口金后静置晾干

❺ 用黏合剂粘上口金

ONE POINT COLUMN

关于应用作品"方形口金盒"与"方形口金包"

在下页介绍的"方形口金盒"和"方形口金包"，是具有将"用保丽龙球制作的口金包"和"用纸型制作的口金包"两种制作方法综合到一起的制作方法，是应用作品。

除需要准备大小两个模型之外，与在"用保丽龙球制作的口金包"中准备的直径有0.5cm之差的保丽龙球一样。通过这个做法可以毡化到与口金完全吻合的尺寸。

另外，从自己制作模型处开始，与"用纸型制作的口金包"相同，只是戳针垫的横竖要按照尺寸剪切，所以纸型的制作与其他作品相比更为简单。

但是，因其形状，在用热水和肥皂液进行毡化的过程中不能滚动。需要花时间仔细地将各个面进行揉搓，直到完全毡化为止。

①将毛毡和羊毛卷到第1个的纸型上，用热水和肥皂液进行毡化。

②缩小至与纸型同样大小的尺寸时，用毛巾吸干羊毛上的水分，用剪刀剪出切口（参照书末纸型），从中取出纸型。

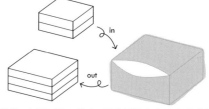

③将第2个纸型装入②中，再次用热水和肥皂液进行毡化，收缩至与纸型相同的尺寸。

21

[应用 1]

方形口金盒

{ P.60 }

纸型 No.11

Square box

[成品尺寸]
长9.5cm（包括口金），宽
12cm（包括口金），高4cm

材料 羊毛：815（亮蓝色）30g
薄片状羊毛：319（红色）15cm×40cm 1片、13cm×8.5cm 2片
链子：青铜制品16cm、古铜色的连接扣 2个
口金：外径宽约7.5cm，高约6cm（H207-002-4/仿古色）
纸型：第一次用的纸型：14.5cm×10.5cm×2cm 3片（裁剪成14.5cm×10.5cm
的戳针垫3块）
第二次用的纸型：12cm×9.5cm×2cm 2片（裁剪成12cm×9.5cm的戳针垫2块）

步骤 可参照"迷你口金包 制作方法（P.08）、
口金名片盒 制作方法（P.37）、P.61"

❶ 将薄片状羊毛卷到第
一次用的纸型上，在
上面放上羊毛，用戳
针戳刺

❹ 干燥之后，用红
色线缝上口金

❷ 装入塑料袋中用热水
和肥皂液揉搓，一直
毡化到第一次用的纸
型的尺寸

❸ 换入第二次用的纸型，
一直毡化到纸型的尺
寸

❺ 用钳子（所列工具之外）打开古铜
色的连接扣，安上链子，分别连接到
圆环上

22

[应用 2]

方形口金包

{ P.62 }

纸型 No.12

Square case

[成品尺寸]
长13cm（包括口金），宽
12cm（包括口金），高1.5cm

材料 羊毛：45（柠檬黄色）30g
薄片状羊毛：316（白色）13cm×30cm 1片、13cm×4cm 2片
双面气眼（金色）：内径约6mm 2个、内径约5mm 3个、内径约4mm 2个
口金：外径宽约12cm，高约7.5cm
纸型：
第一次用的纸型：13cm×13cm×2cm（裁剪成13cm×13cm的戳针垫1块）
第二次用的纸型：10.5cm×10.5cm×2cm（裁剪成10.5cm×10.5cm的戳针垫
1块）

步骤 可参照"迷你口金包 制作方法（P.08）、
口金名片盒 制作方法（P.37）、P.62"

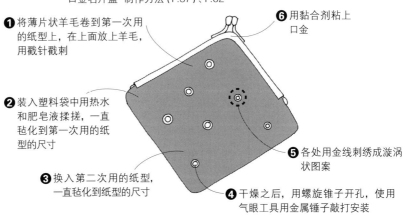

❶ 将薄片状羊毛卷到第一次用
的纸型上，在上面放上羊毛，
用戳针戳刺

❻ 用黏合剂粘上
口金

❷ 装入塑料袋中用热水
和肥皂液揉搓，一直
毡化到第一次用的纸
型的尺寸

❸ 换入第二次用的纸型，
一直毡化到纸型的尺寸

❺ 各处用金线刺绣成漩涡
状图案

❹ 干燥之后，用螺旋锥子开孔，使用
气眼工具用金属锤子敲打安装

佐佐木 伸子　Nobuko Sasaki

手作羊毛毡作家。
一般社团法人 日本羊毛毡协会代理事。
母亲是日本传统手艺佐田TSUMAI的老师，从小耳濡目染之下，拥有深厚的手工艺基础，并激发了对手工艺的兴趣。曾经担任过长达14年的体育教练，2001年终于实现了与羊毛毡的命运性的相遇。目前，正以"轻松、细致、快乐"为宗旨，在日本展开羊毛毡创作家的启蒙及教育等推广活动，同时进行商品开发，并与其他领域创作者合作，共同发表跨界作品，活跃在多个领域。著作有：《羊毛毡技巧解说书》《羊毛毡应用手作书》《用纸型做羊毛毡作品~新型羊毛毡创作》（河出书房新社出版），《用针毡做法制作和式甜点》（Graphic社出版），《用羊毛毡做的可爱森林小动物》（株式会社日东书院本社）等。

一般社团法人 日本羊毛フェルト协会 http://woolfelt.jp
ブログ［羊毛フェルトのある暮らし］http://ameblo.jp/nobimaru

YOUMOU–FELT DE TSUKURU GAMAGUCHI BOOK by Nobuko Sasaki
Copyright© Nobuko Sasaki 2013
All rights reserved.
Original Japanese edition published by Nitto Shoin Honsha Co., Ltd.

This Simplified Chinese language edition is published by arrangement with Nitto Shoin Honsha Co., Ltd., Tokyo in care of Tuttle-Mori Agency, Inc., Tokyo through Bardon-Chinese Media Agency, Beijing Representative Office.

图书在版编目（CIP）数据

羊毛毡口金包教科书/（日）佐佐木 伸子著；边冬梅，刘倩译.—郑州：河南科学技术出版社，2015.10
　　ISBN 978-7-5349-7875-3

　　Ⅰ.①羊… Ⅱ.①佐…②边…③刘… Ⅲ.①毛毡-手工艺品-制作-教材 Ⅳ.①TS973.5

中国版本图书馆CIP数据核字（2015）第168650号

出版发行：河南科学技术出版社
　　　　　地址：郑州市经五路66号　　邮编：450002
　　　　　电话：（0371）65737028　65788613
　　　　　网址：www.hnstp.cn
策划编辑：刘　欣
责任编辑：刘　瑞
责任校对：耿宝文
封面设计：张　伟
责任印制：张艳芳
印　　刷：北京盛通印刷股份有限公司
经　　销：全国新华书店
幅面尺寸：185 mm×260 mm　　印张：5　字数：110千字
版　　次：2015年10月第1版　2015年10月第1次印刷
定　　价：36.00元

如发现印、装质量问题，影响阅读，请与出版社联系并调换。